# 西门子 PLC SCL 语言结构化编程一本通

张基波　编著

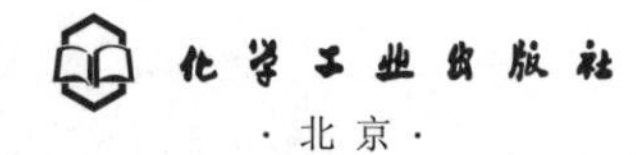


·北京·

## 内 容 简 介

本书从PLC工作原理和基础知识开始讲起，对西门子PLC SCL语言的语法规则、逻辑运算、数据运算、多种语法的运用等进行了系统讲解，并通过对模拟量、通信、运动控制等关键模块的阐释，帮助读者进阶，书中还列举了大量典型案例，方便读者进行实操练习，深度掌握算法原理。

本书内容全面，循序渐进，并配有工程案例，理论和实践结合，有利于读者快速掌握西门子PLC SCL结构化编程技术。同时，搭配大量二维码视频，扫码即可观看实操演示。

本书可供电气工程师、PLC技术人员自学使用，也可作为高等院校、职业院校和培训学校相关专业的参考书。

**图书在版编目（CIP）数据**

西门子PLC SCL语言结构化编程一本通 / 张基波编著.
北京 : 化学工业出版社，2024. 8. -- ISBN 978-7-122-45798-1

Ⅰ. TM571.61

中国国家版本馆CIP数据核字第20241CN905号

责任编辑：于成成　宋　辉　　　装帧设计：王晓宇
责任校对：王　静

出版发行：化学工业出版社（北京市东城区青年湖南街13号　邮政编码100011）
印　　装：河北延风印务有限公司
710mm×1000mm　1/16　印张13　字数201千字
2024年9月北京第1版第1次印刷

购书咨询：010-64518888　　　售后服务：010-64518899
网　　址：http://www.cip.com.cn
凡购买本书，如有缺损质量问题，本社销售中心负责调换。

**定　　价：68.00元**

# 前 言

随着社会的进步、技术的发展，越来越多的机械设备开始实现自动化和智能化，这其中离不开电气设计与 PLC 编程。如果将自动化设备比喻成一个人，机械部分是人的筋骨，电气控制就是人的灵魂。PLC 编程是电气控制的核心，PLC 程序的好坏直接决定设备的功能、效率和使用年限。

PLC 有五种编程语言：顺序功能图（SFC）、梯形图（LAD）、功能模块图（FBD）、语句表（LTL）和结构化控制语言（SCL）。其中，前三种称为图形化编程语言。传统的 PLC 编程以梯形图为主，但是随着设备的智能化，编写程序时需要越来越多地考虑 PLC 运行速度和各种算法，SCL 语言的优点就凸显出来了。这五种语言中，只有 SCL 语言属于高级语言，其语言简洁，运行速度快，适合于各种算法，且国际通用，受到越来越多工程师的青睐。

SCL 语言由 PASCAL 语言发展而来，具有非常多优点：①语法简单，程序结构清晰；②采用语句块形式编程，程序结构更加紧凑；③灵活度高，与梯形图程序相比，SCL 在编写控制算法的时候更加灵活强大；④标准化程度高，SCL 语言遵循国际标准 IEC 61131-3，是标准化语言之一；⑤易于入门，对于有 PASCAL 或 VB 等编程语言经验的读者来说，SCL 语言的入门相对容易。

本书主要讲解西门子 PLC 的结构化控制语言（SCL）编程方法。西门子 PLC 性能稳定、功能强大，其市场占有率非常高，常常在大型项目中占据主导地位。本书内容深入浅出，从学习 PLC 的必备知识和 SCL 语言基础知识讲起，并系统讲解模拟量和通信，介绍 SCL 语言高级算法。为了方便初学者快速掌握 SCL 语言，书中很多知识点都采用梯形图和 SCL 对比讲解，直观易懂。此外，书中还列举了大量实际项目案例，帮助读者巩固重要知识点，学以致用。

本书主要章节安排如下：前 2 章是基础知识，讲解介绍 PLC 与 SCL 语言；第 3 章讲解 SCL 语言的基本指令，如位逻辑、定时器、计数器、移动与转换操作等；第 4、5 章阐释 SCL 语言的基本语法和高级语法，如分支语句、循环语句等；第 6 ~ 9 章以项目实例的方式对 SCL 语言模拟量控制、运动控制、通信、高级算法等进行了系统讲解。

由于笔者水平有限，书中不足之处在所难免，敬请读者批评指正！如有任何问题，欢迎联系邮箱：373658553@qq.com。

张基波

# 目录

## 第 2 章 SCL 语言基础知识 049

## 第 3 章 SCL 语言基本指令　065

## 第 4 章 SCL 编程基本语法 110

# 第1章 PLC基础知识

1.1 认识PLC
1.2 博途软件
1.3 博途软件的功能
1.4 程序结构
1.5 变量
1.6 PLC数据类型

# 1.1 认识PLC

## 1.1.1 PLC的起源

在可编程控制器（Programmable Logic Controller，PLC）没有被发明之前，电气控制都是以继电器、接触器、计数器为主，俗称传统继电器电路。传统继电器控制电路存在很多缺陷，比如线路复杂、接线多、故障多、不稳定、工作量大等，更严重的是随着工业设备控制要求的提高，很多自动控制用继电器电路无法实现，亟需一个更高级的控制方法取代继电器电路。

20世纪60年代，第一台PLC在美国正式投产使用，从此拉开了现代工业设备控制的序幕。

通过几十年的发展，PLC已经从取代传统继电器开关电路发展成集合模拟量控制、定位控制、通信控制等多功能为一体的控制器。

在我国，20世纪90年代前后，随着3C产品（指计算机类、通信类和消费类电子产品三者的统称，亦称“信息家电”）和汽车等的生产设施的引进，PLC的应用才开始普及。PLC技术的运用改变了中国工业的面貌，对中国制造工业的发展有着重要的推动作用。目前在工业控制中，PLC已经完全普及，无论是运动控制还是过程控制，PLC都处于优势地位。

## 1.1.2 PLC工作原理

PLC的工作方式为循环扫描执行，扫描的内容包括输入处理、程序处理、输出处理三个阶段。扫描完成这三个阶段一次，称一个扫描周期。PLC扫描一个周期所花的时间是扫描时间，扫描时间由程序的长度和CPU的性能决定。如图1-1所示。

① 输入处理：PLC运行的第一步，先扫描输入端子信号，按照先后顺序将外部的信号通过循环扫描的方式临时存放到输入映像寄存器，每执行一次循环扫描都会刷新输入映像寄存器的信息，等待PLC程序执行时读取。

以开关量输入信号举例：PLC的开关量输入信号是传感器、开关、元件触点等给入，输入采集就是通过外部触点信号判断PLC每个输入端子的信号状态为0或者为1，将输入端子数据存放到输入映像寄存器。没

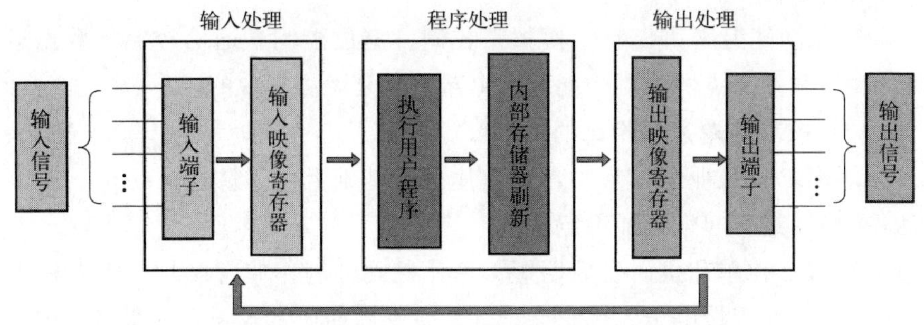


图 1-1　PLC 工作原理

有输入信号是 0，有输入信号是 1。

② 程序处理：PLC 在输入信号采集结束后，就会对程序进行扫描处理，根据输入映像寄存器和内部存储器信息，PLC 执行相对应的运算，PLC 程序处理时会根据程序的结构按照从上到下、从左到右的顺序逐步扫描执行，每次扫描程序执行的结果都会存放到相应的内部存储器和输出映像寄存器。

③ 输出处理：PLC 程序每次扫描执行完成后，将程序运算处理的结果存放到输出映像寄存器，再通过输出映像寄存器扫描执行到输出端子控制外部设备。

以开关量输出信号举例：PLC 的硬件输出是控制电气执行元件的接通信号，输出信号以输出映像寄存器数据为依据。当程序中的输出结果为 1 时，将 1 存放到输出映像寄存器，输出信号接通；当程序中的输出结果为 0 时，将 0 存放到输出映像寄存器，输出信号断开。

### 1.1.3　PLC 的优点

下面通过将 PLC 与继电器电路以及单片机进行对比的方式来说明 PLC 的优点。

**(1) PLC 与传统继电器相比的优点**

① PLC 程序软逻辑代替继电器接线触点逻辑，减少了控制设备外部的接线，大大减少了工作量。

② 由于接线少了，也大量地减少了故障点。

③ 由于 PLC 程序内部是非常稳定的，外部接线很少，维修也相对容易。

④ 工业设备经过改变程序就可以改变生产过程、生产流程，设备灵

活性变得很高。

⑤ 从功能上来讲，对于模拟量控制、定位控制、通信控制、数据运算等稍微复杂一点的控制功能，继电器电路是无法实现的。

**(2) PLC与单片机相比的优点**

① PLC以工业运用为主，在单片机的基础上做了防尘、防油、防干扰等处理，运行起来更加稳定。

② PLC比单片机研发周期短。单片机硬件制作非常麻烦，需要做电子电路设计、焊接电子元件、调试等，研发周期通常较长，如果做好的单片机需要添加I/O等硬件，只能重做。此外，单片机的软件编程必须通过高级语言，编程门槛也比较高，而PLC的硬件已做成标准模块，根据控制要求选配就可以，PLC编程也是用的简易指令，简单易上手，开发周期短。

总而言之，PLC作为一款通用控制器，充分考虑了绝大多数用户的使用场景与使用环境，运行比较稳定，实实在在为工业自动化做出了很大贡献。PLC标准化模块、简易化二次开发指令，节省了电气工程师很多时间。继电器电路与PLC控制之间，本质上是工业2.0与工业3.0的关系；单片机与PLC相比，就仿佛砖头与大楼的关系。

## 1.2 博途软件

### 1.2.1 博途软件介绍

西门子PLC现在的主打产品是S7-1200和S7-1500系列，其稳定的硬件配合功能强大的博途软件，为用户提供可靠的性能、更高的配置和各种解决方案。因此，学习西门子S7-1200和S7-1500 PLC，还必须学会应用TIA博途软件进行编程。

TIA博途软件是一个系统软件，里边含有各种多样的功能选项，可以帮助用户实现不同自动控制技术中的各类要求。TIA博途软件具有易用性、稳定性和安全性的特点。目前使用的主流版本包括V14、V15、V15.1、V16、V17等，不同版本的使用方法类似，本章以V16举例讲解该软件的用法。

### 1.2.2 利用博途软件创建项目

① 打开博途软件，界面如图1-2所示。

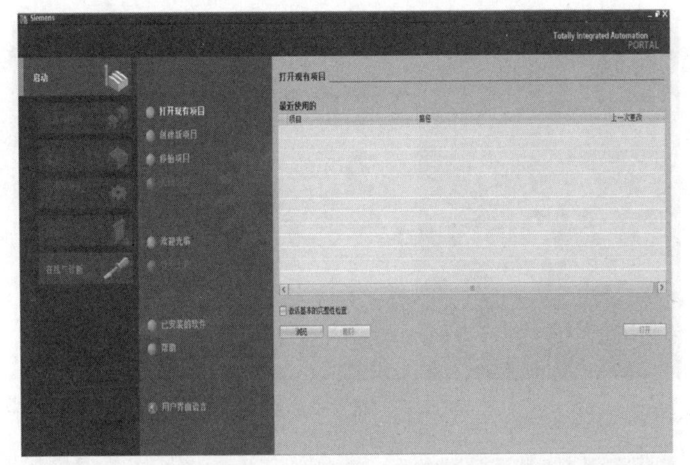

图 1-2　博途打开界面

② 在“启动”类目中，单击“创建新项目”，在“创建新项目”里面，填写项目的基本信息以及创建程序的存放路径。界面如图 1-3 所示。

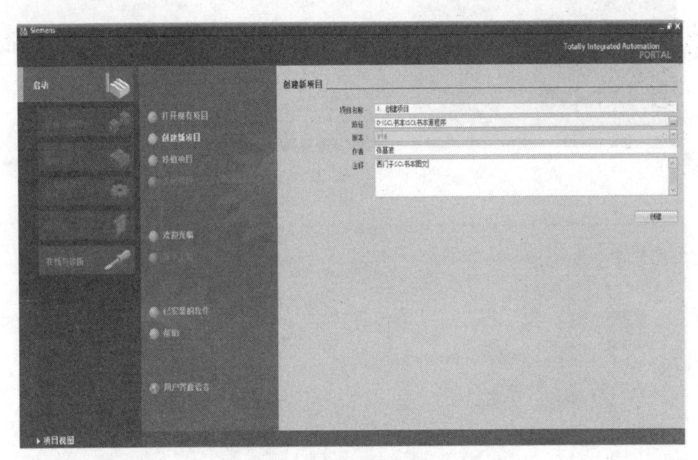

图 1-3　博途创建新项目

③ 在新项目中填写项目名称、程序存放路径以及其他项目信息后，单击“创建”按钮，项目创建完成，如图 1-4 所示。

④ 创建项目后，选择“设备与网络”再单击“添加新设备”按钮，界面如图 1-5 所示。

⑤ 选择要添加到项目中的 PLC 型号，比如此例选择的是“1214C DC/DC/DC”，界面如图 1-6 所示。

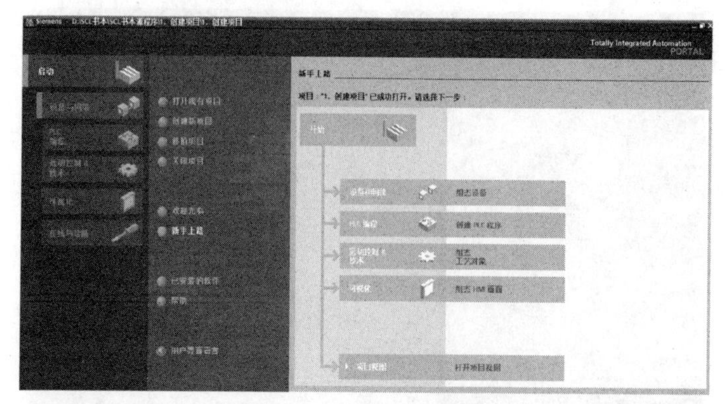


图 1-4　博途项目创建

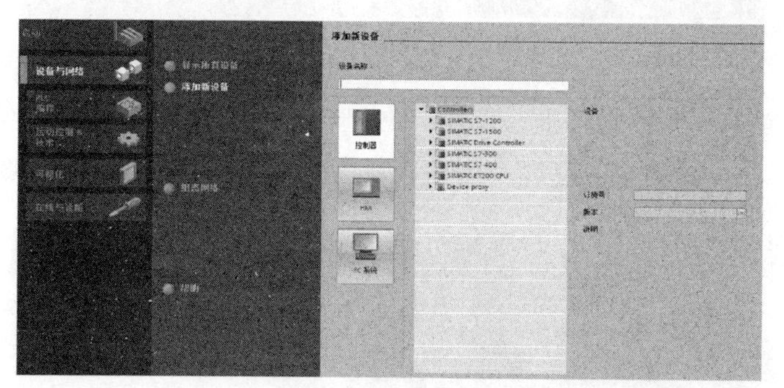


图 1-5　添加设备

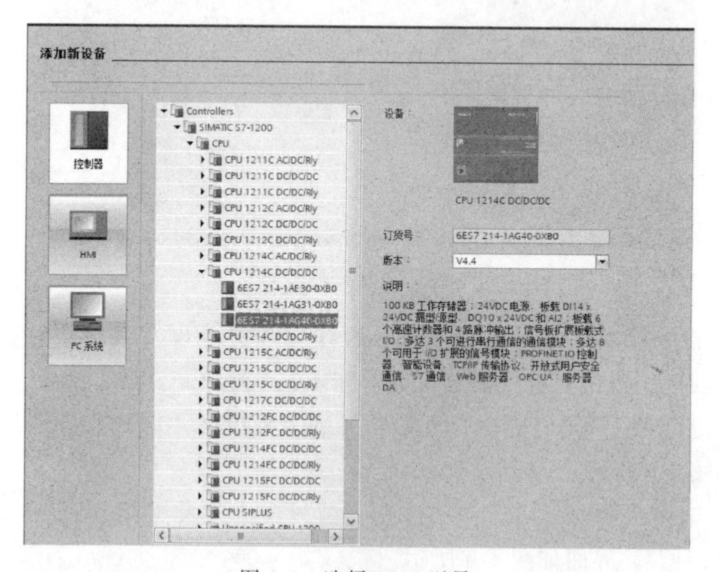


图 1-6　选择 PLC 型号

点击“确定”按钮，进入图 1-7 工作页面。

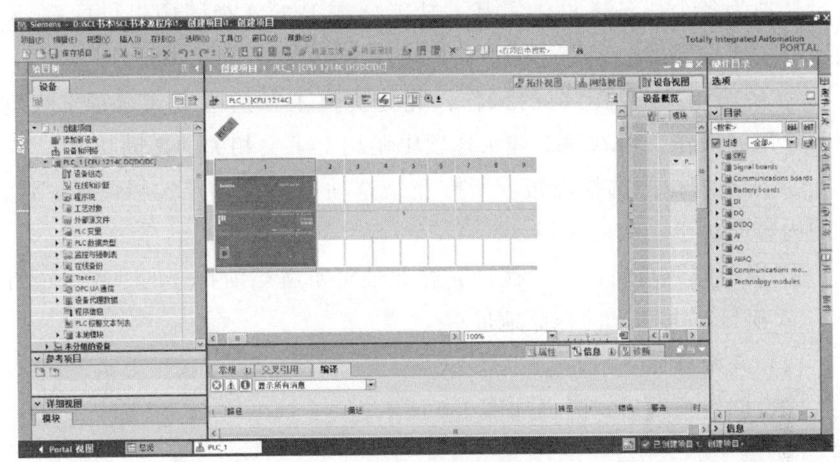

图 1-7 设备视图

# 1.3 博途软件的功能

## 1.3.1 博途界面

### (1) Portal 视图

Portal 视图各组件的示例，如图 1-8 所示。

图 1-8 中数字标示处的含义如下。

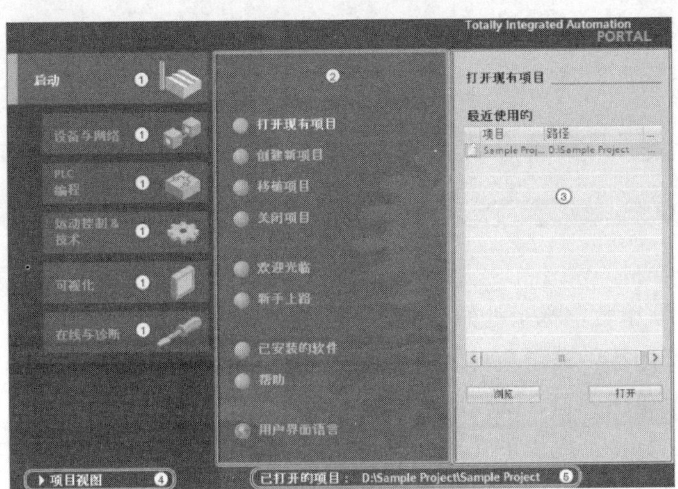


图 1-8 Portal 视图

① 不同任务的登录选项：每个任务选择里面都可以进行不同的操作，登录选项为各个任务区提供了基本功能，在 Portal 视图中提供的登录选项取决于所安装的产品。

② 所选登录选项对应的操作：此处提供了在所选登录选项“启动”中可使用的操作，可在每个登录选项中调用上下文相关的帮助功能。

③ 所选操作的选择面板：所有登录选项中都提供了选择面板，该面板的内容取决于当前的选择。

④ 当前打开项目的显示区域：在此处可了解当前打开的是哪个项目。

⑤ 项目在电脑上的存储地址。

**(2) 开始界面**

博途创建项目后，界面如图 1-9 所示。

图 1-9 开始界面

图 1-9 中数字标示处的含义如下。

① 标题栏：显示项目名称和存放地址。

② 菜单栏：包含工作所需的全部命令。

③ 工具栏：提供了常用命令的按钮，可帮助用户快速访问这些命令。

④ 项目树：可以访问所有硬件和项目数据以及组态设置。

⑤ 参考项目：可打开其他项目，进行参考和比较。

⑥ 详细视图：在项目树中选择某个设备或该设备的链接时，详细视图中的“模块”（Modules）选项卡内将显示该设备所安装的模块或者子模块。

⑦ 工作区：博途项目中的主要工作区域，设备的硬件组态、程序的编写都在这个区域完成。

⑧ 分隔线：用于分隔程序界面的各个组件。可使用分隔线上的箭头显示和隐藏用户界面的相邻部分。

⑨ 巡视窗口：所选对象或所执行操作的附加信息均显示在巡视窗口中，可进行属性设置。

⑩ 点击可切换到 Portal 视图。

⑪ 编辑器栏：可进行所打开窗口的缩放。

⑫ 带有进度显示的状态栏。

⑬ 任务卡：包含选型的硬件型号、编程的指令、各种库等辅助功能。

**(3) 编程界面**

项目编程窗口，界面视图如图 1-10 所示。

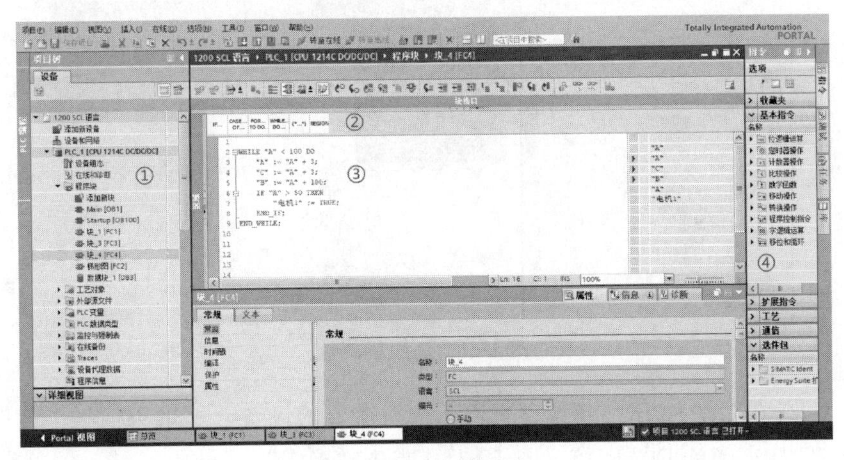


图 1-10　编程界面

图 1-10 中数字标示处的含义如下。

① 项目树：在程序编辑过程中具有重要作用，项目树中可以访问所有组件和项目数据。可在项目树中执行以下功能：添加修改设备，程序块的创建修改，变量和数据类型创建修改。

② 指令收藏栏：将常用指令放入指令收藏夹，可以更便捷快速地

编程。

③ 编程区：可以在此区域编辑 PLC 程序，无论是 SCL 还是梯形图或者其他编程语言，都是在此区域编写。

④ 指令区：系统提供的编程指令都在此区域显示，指令区有基本指令、扩展指令、工艺指令、通信指令、选件包等。

### 1.3.2 博途硬件组态

如果一个项目需要两套或者两套以上的 PLC 设备，就需要用到组态。比如在 1.2 节创建的项目中已有“1214C DC/DC/DC” PLC，再添加一个西门子“1215C AC/DC/Rly”，步骤如下。

① 打开项目树，点击“添加新设备”（图 1-11），进入到添加新设备页面（图 1-12）。

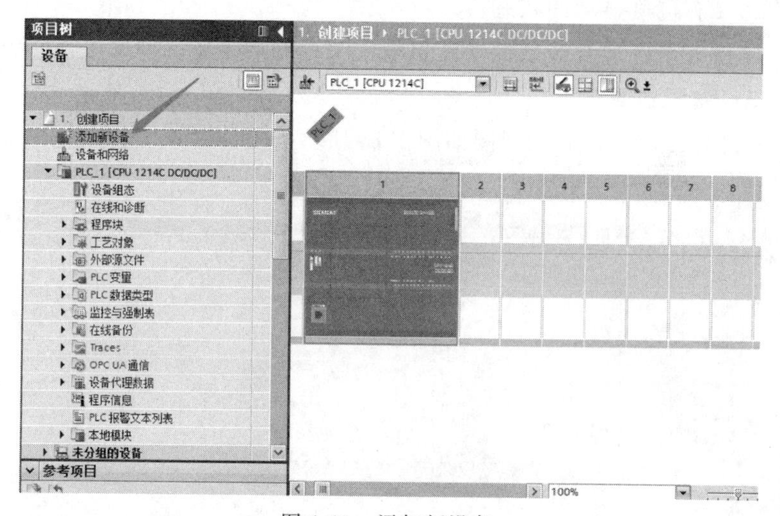


图 1-11　添加新设备

② 在图 1-12 添加新设备页面，选择需要的设备，这里添加一个西门子“1215C AC/DC/Rly”（图 1-13），点击“确定”。

③ 在项目树和网络视图中，都可以看到项目中有两个 PLC，如图 1-14 所示。

### 1.3.3 设备组态实例

有个项目需要一套“1214C DC/DC/DC” PLC，除了本体之外，PLC 输入点不够用，还需要一套 16 位输入模

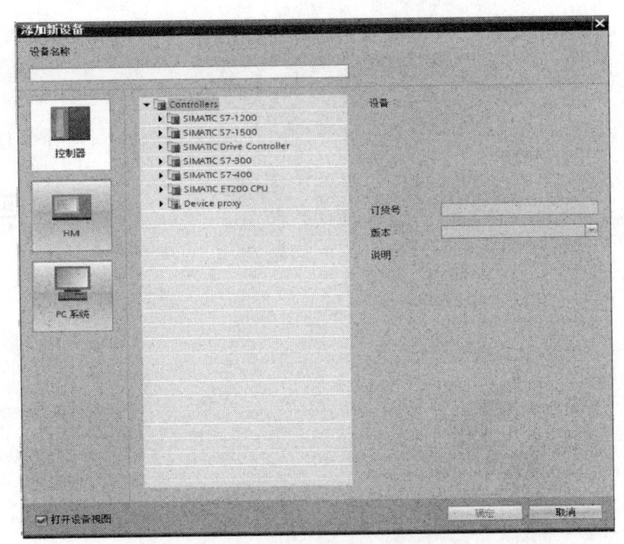


图 1-12　添加新设备选择元件

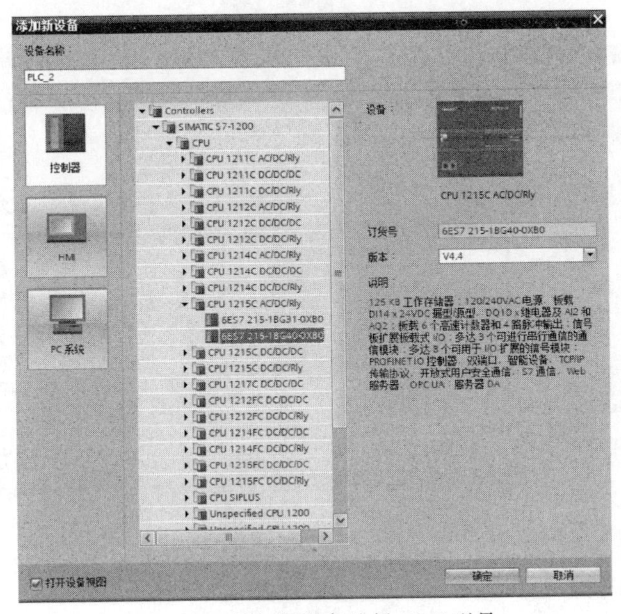


图 1-13　添加新设备选择 PLC 型号

块。对 PLC 的硬件进行组态，步骤如下。

① 打开项目树，在 PLC 选型下点击“设备组态”（图 1-15），进入到

设备组态页面。

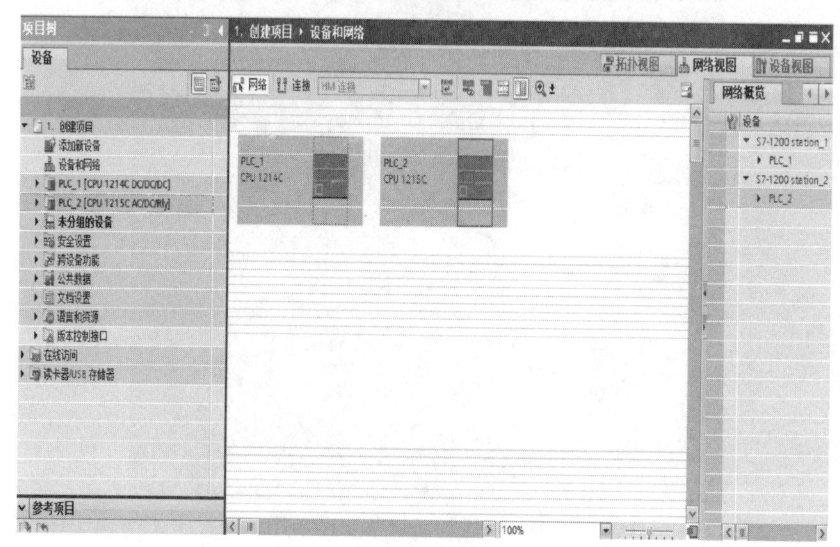


图 1-14　两个 PLC 组态视图

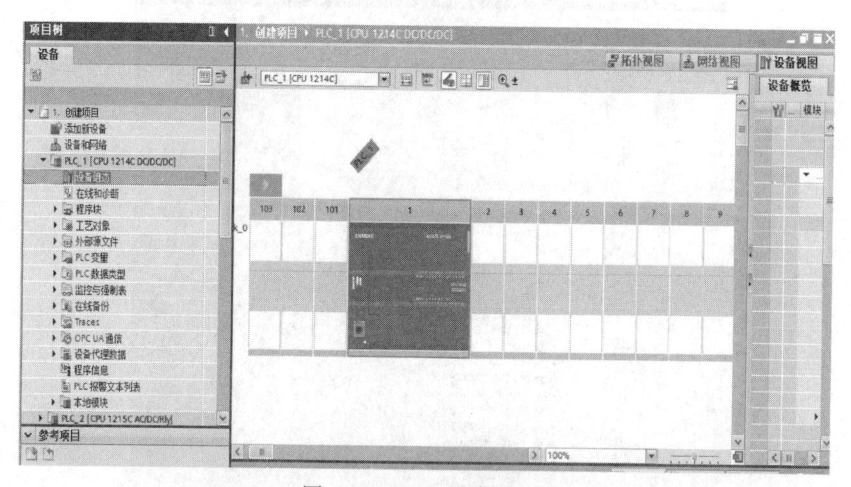


图 1-15　PLC 设备组态

② 打开任务栏，点击硬件类目，选择“DI 16×24VDC”，如图 1-16 所示。

③ 点击硬件目录里面的 PLC 模块，拖到 CPU 旁边的 2 号卡槽，如图 1-17 所示。

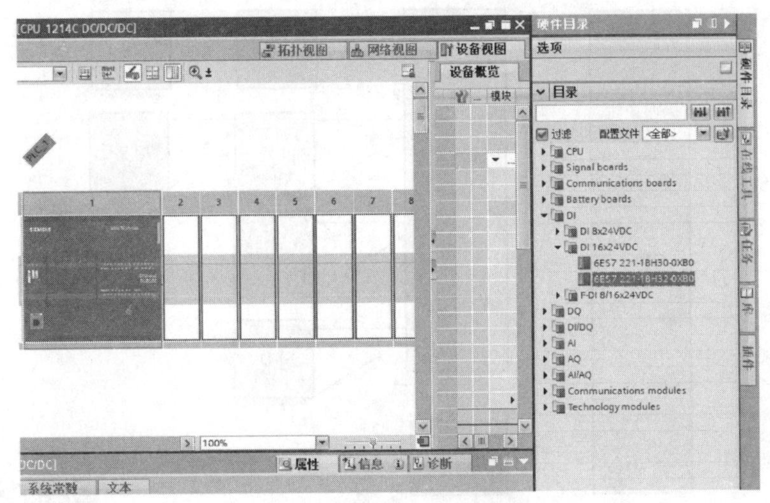


图 1-16　选择 PLC 模块

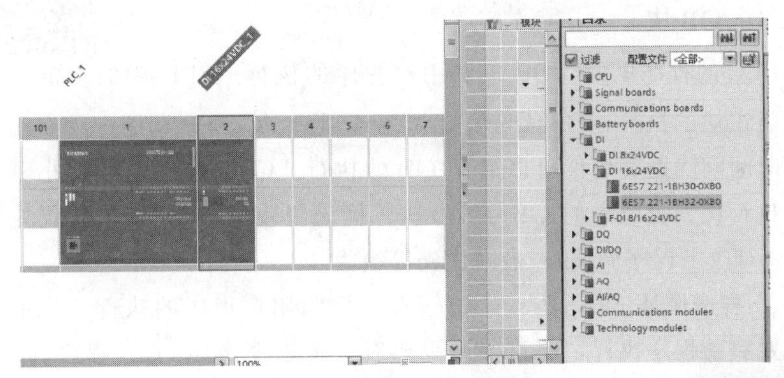


图 1-17　添加 PLC 模块

# 1.4　程序结构

博途程序块分为组织块（OB）、函数块（FB）、函数（FC）、数据块（DB）等。在使用时，组织块（OB）相当于主程序，函数块（FB）和函数（FC）相当于子程序，数据块（DB）则相当于数据存储区。

组织块（OB）自动扫描执行，函数块（FB）和函数（FC）需要调用才能循环扫描执行。组织块（OB）可以调用函数块（FB）和函数（FC），而函数块（FB）和函数（FC）又可以相互调用，如图 1-18 所示。

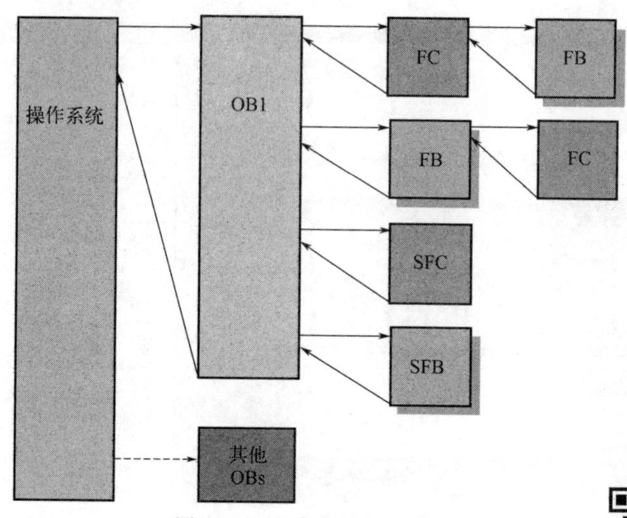


图 1-18　程序块结构功能图

## 1.4.1　OB 块

PLC 的程序里面，OB 控制用户程序的执行。CPU 中的特定事件将触发组织块的执行，OB 无法互相调用或通过 FC、FB 调用，只有诊断中断或时间间隔这类事件可以启动 OB 的执行。CPU 按优先等级处理 OB，即先执行优先级较高的 OB，然后执行优先级较低的 OB。最低优先等级为 1（对应主程序循环），最高优先等级为 24。

① 程序循环 OB，Program cycle：控制用户程序的执行，为主程序块。要启动程序执行，项目中至少要有一个程序循环 OB。程序循环 OB 是必需的，并且要一直启用，一个 CPU 可以有多个程序循环 OB，FB 和 FC 的程序要执行必须由程序循环 OB 直接或者间接调用。程序循环 OB 优先级别为 1。CPU 将先执行编号最小的程序循环 OB（通常为“Main” OB1），接着会依次（按编号顺序）执行其他程序循环 OB。程序循环 OB 创建如图 1-19 所示。

② 启动 OB，Startup：这个 OB 是初始化程序 OB，PLC 从 STOP 模式切换到 RUN 模式的启动开始时执行一次。一个 CPU 可组态多个启动 OB，启动 OB 按编号顺序执行，优先级别为 1。启动 OB 创建如图 1-20 所示。

③ 延时中断 OB，Time delay interrupt：指定的延时时间到达后，延

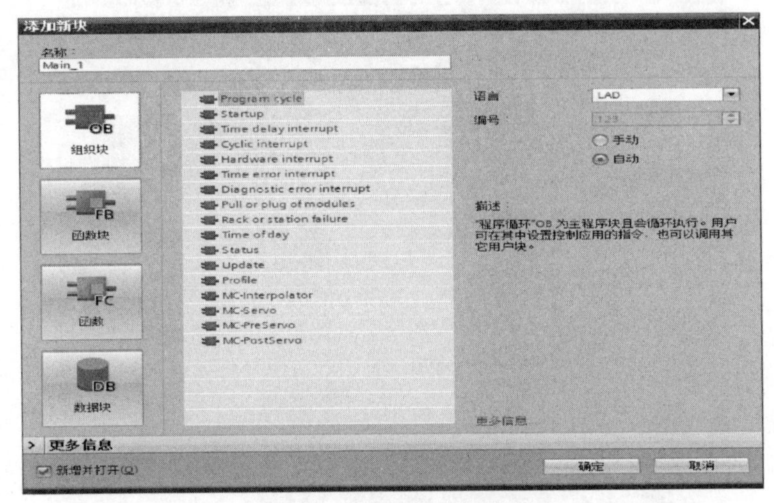


图 1-19　程序循环 OB 视图

图 1-20　启动 OB 视图

时中断 OB 将中断程序的循环执行。延迟时间可通过 SRT_DINT 指令设置。延时事件将中断程序循环以执行相应的延时中断 OB。只能将一个延时中断 OB 连接到一个延时事件，CPU 支持 4 个延时事件。延时中断 OB 优先级别为 3。延时中断 OB 创建如图 1-21 所示。

④ 循环中断 OB，Cyclic interrupt：循环中断 OB 以指定的时间间隔

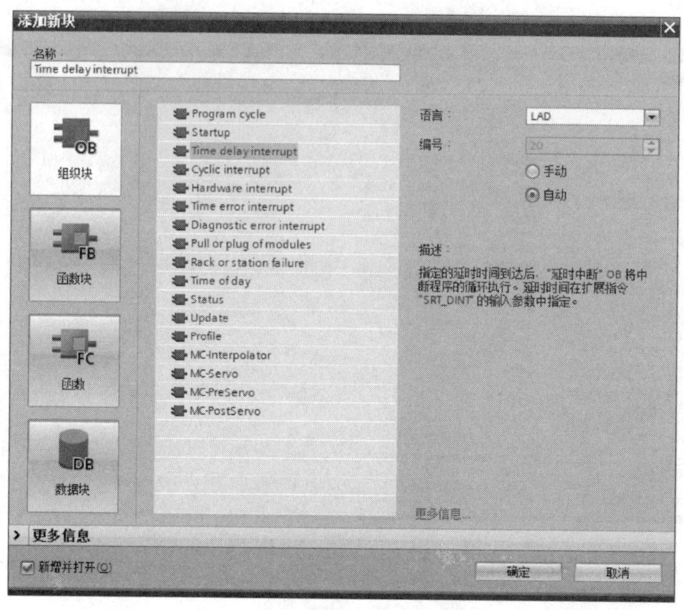


图 1-21　延时中断 OB 视图

执行，最多可组态 4 个循环中断事件，每个循环中断事件对应一个 OB。循环中断 OB 优先级别为 8。循环中断 OB 创建如图 1-22 所示。

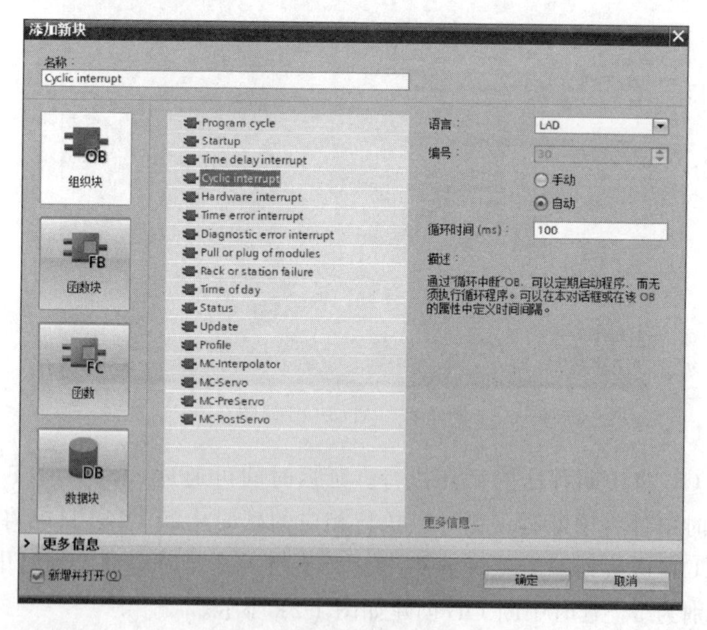


图 1-22　循环中断 OB 视图

⑤ 硬件中断 OB，Hardware interrupt：硬件中断 OB 在发生相关硬件事件时执行，硬件中断 OB 将中断正常的循环程序执行来响应硬件事件信号。高速计数器和输入通道可以触发硬件中断，将触发报警的事件分配给一个硬件中断 OB，而一个硬件中断 OB 可以分配给多个事件。硬件中断 OB 优先级别为 18。硬件中断 OB 创建如图 1-23 所示。

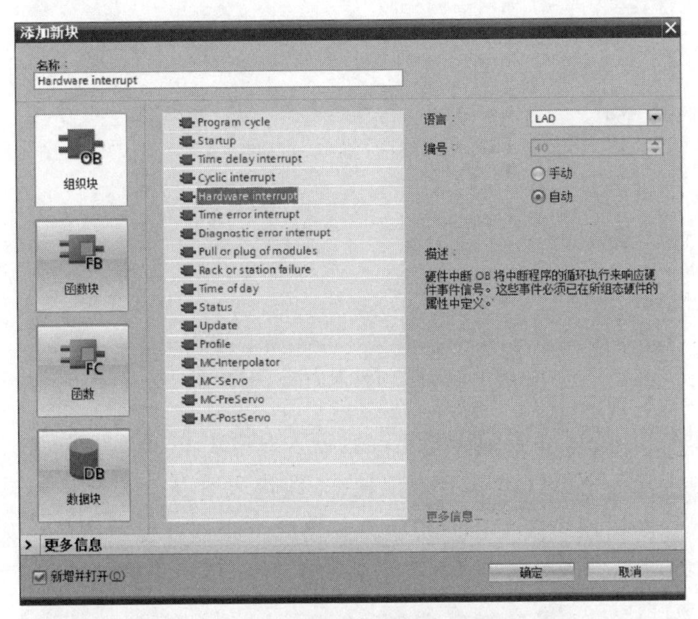


图 1-23　硬件中断 OB 视图

⑥ 时间错误中断 OB，Time error interrupt：超出最大循环时间后，时间错误中断 OB 将中断程序的循环执行，最大循环时间在 PLC 的属性中定义。

当 CPU 中的程序执行时间超过最大循环时间时，如果时间错误中断 OB 不存在，CPU 自动切换到 STOP 模式，如果时间错误中断 OB 存在，CPU 自动执行时间错误中断 OB，且不停机。时间错误中断 OB，优先级别为 22。时间错误中断 OB 创建如图 1-24 所示。

⑦ 诊断错误中断 OB，Diagnostic error interrupt：当 CPU 检测到诊断错误，或者具有诊断功能的模块发现错误且为该模块启用了诊断错误中断时，将执行诊断错误中断 OB。诊断错误中断 OB 将中断正常的循环程序执行。

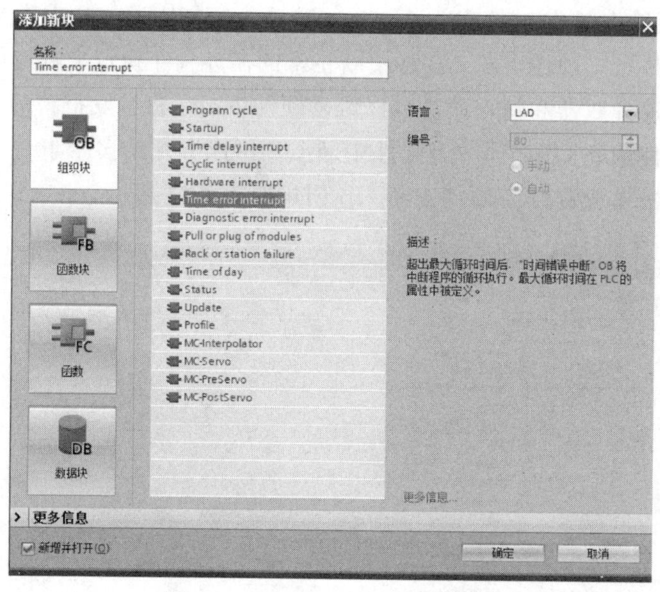


图 1-24　时间错误中断 OB 视图

如果希望 CPU 在收到诊断错误后进入 STOP 模式，可在诊断错误中断 OB 中包含一个 STOP 指令，以使 CPU 进入 STOP 模式。如果未在程序中包含诊断错误中断 OB，CPU 将忽略此类错误并保持 RUN 模式。诊断错误中断 OB，优先级别为 5。诊断错误中断 OB 创建如图 1-25 所示。

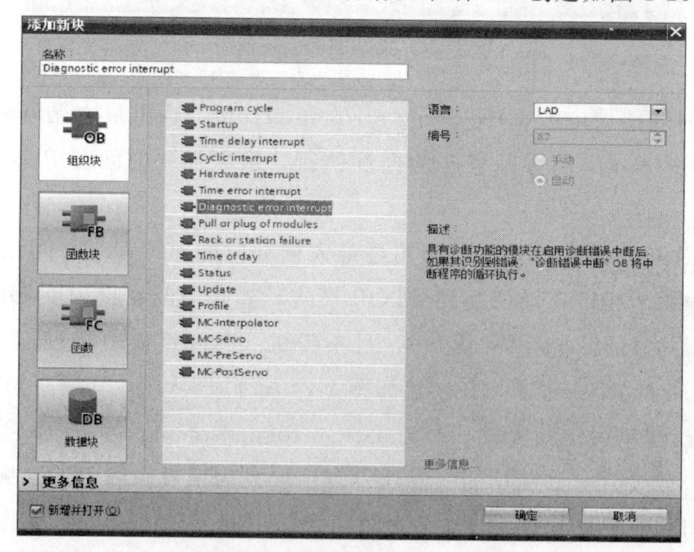


图 1-25　诊断错误中断 OB 视图

⑧ 插拔中断 OB，Pull or plug of modules：移走或插入分布式 I/O 模块时调用的 OB。以下情况将产生拔出或插入模块事件：拔出或插入一个已组态的模块；扩展机架中实际并没有所组态的模块；扩展机架中的不兼容模块与所组态的模块不相符；扩展机架中插入了与所组态模块兼容的模块，但组态不允许替换值；模块或子模块发生参数化错误。

如果尚未对插拔中断 OB 进行编程，那么发生以上任意情况时，CPU 将切换至 STOP 模式。插拔中断 OB 优先级别为 6。插拔中断 OB 创建如图 1-26 所示。

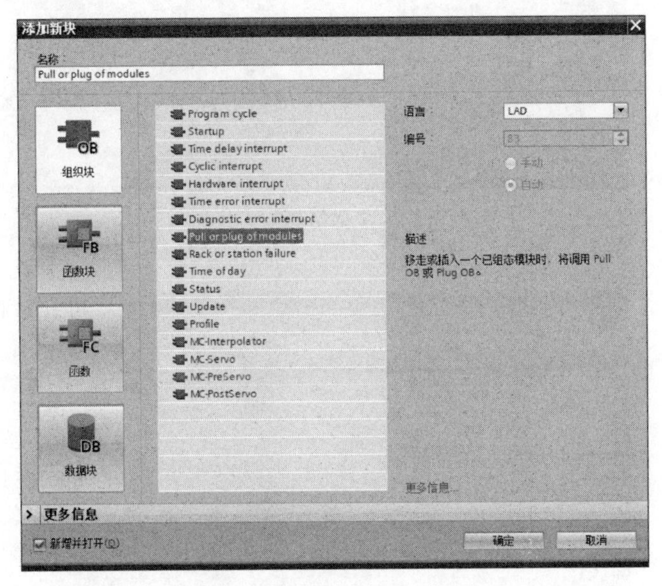


图 1-26　插拔中断 OB 视图

⑨ 机架或站故障 OB，Rack or station failure：当 CPU 检测到分布式机架或站出现故障或发生通信丢失时，将执行机架或站故障 OB。

如果没有组态机架或站故障 OB，那么发生机架或站出现故障或发生通信丢失时，CPU 将切换至 STOP 模式。机架或站故障 OB 优先级别为 6。机架或站故障 OB 创建如图 1-27 所示。

⑩ 时钟 OB，Time of day：时钟 OB 根据所组态某个指定的日期或时间发生执行，CPU 支持两个时钟 OB。时钟中断事件组态为在某个指定的日期或时间发生一次。时钟 OB 优先级别为 2。时钟 OB 创建如图 1-28 所示。

图 1-27　机架或站故障 OB 视图

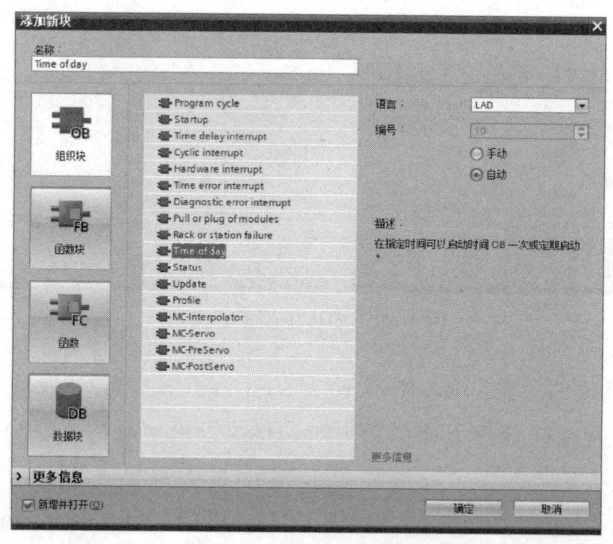


图 1-28　时钟 OB 视图

⑪ 状态中断 OB，Status：操作系统在接收到一个状态中断时将调用状态中断 OB。如果从站模块更改了操作模式，那么也会调用中断 OB。状态中断 OB 优先级别为 4。状态中断 OB 创建如图 1-29 所示。

⑫ 更新中断 OB，Update：操作系统在接收到一个更新中断时，将调

图 1-29　状态中断 OB 视图

用更新中断 OB。如果更改了从站或设备插槽中的参数，那么可能会调用更新中断。更新中断 OB 优先级别为 4。更新中断 OB 创建如图 1-30 所示。

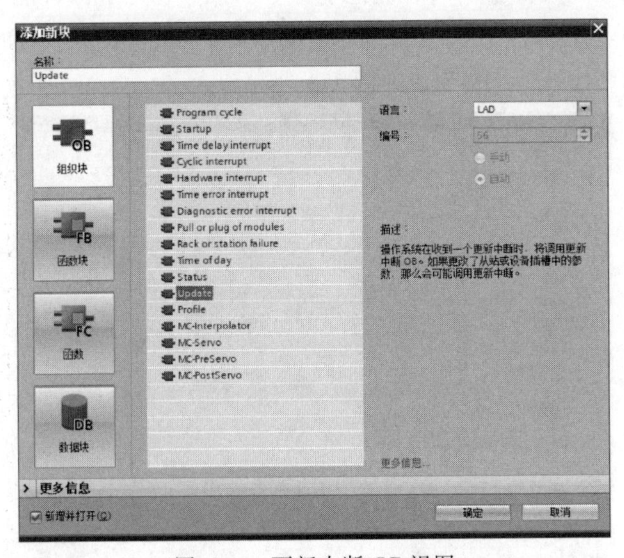


图 1-30　更新中断 OB 视图

⑬ 特定中断 OB，Profile：操作系统接收到一个制造商特定中断或配置文件特定中断时，将调用制造商特定的 OB 中断或配置文件特定的 OB

中断。特定中断 OB 优先级别为 4。特定中断 OB 创建如图 1-31 所示。

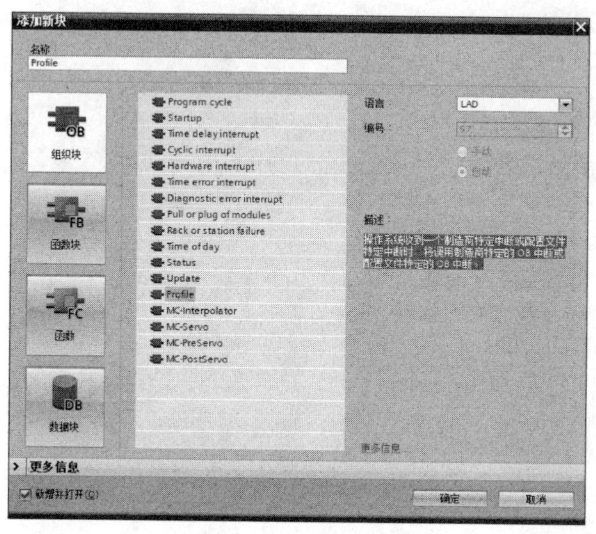


图 1-31　特定中断 OB 视图

⑭ MC 插补器 OB，MC-Interpolator：在组态运动控制时，系统自动生成，只读且受到写保护，内容无法更改。组织块 MC-Interpolator［OB 92］用于准备和监视运动控制中的设定值。每次执行 OB MC-Servo 时，通过系统启动。MC 插补器 OB 创建如图 1-32 所示。

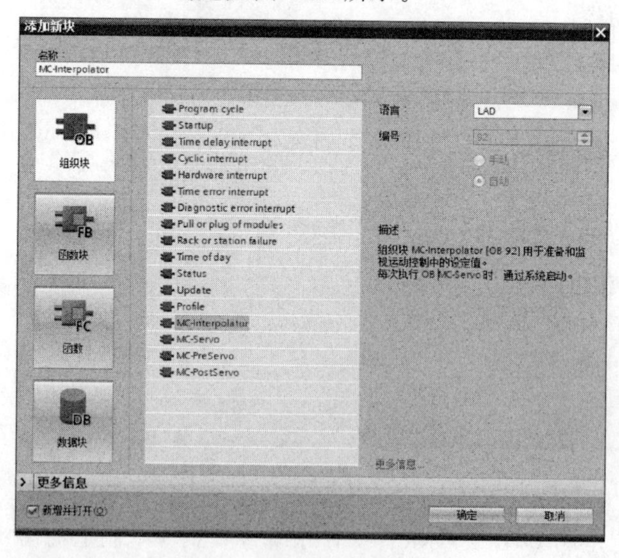


图 1-32　MC 插补器 OB 视图

⑮ MC 伺服 OB，MC-Servo：在组态运动控制时，系统自动生成，只读且受到写保护，内容无法更改。组织块 MC-Servo [OB 91] 适用于运动控制功能，如 I/O 访问、心跳信号和定位控制。MC 伺服 OB 创建如图 1-33 所示。

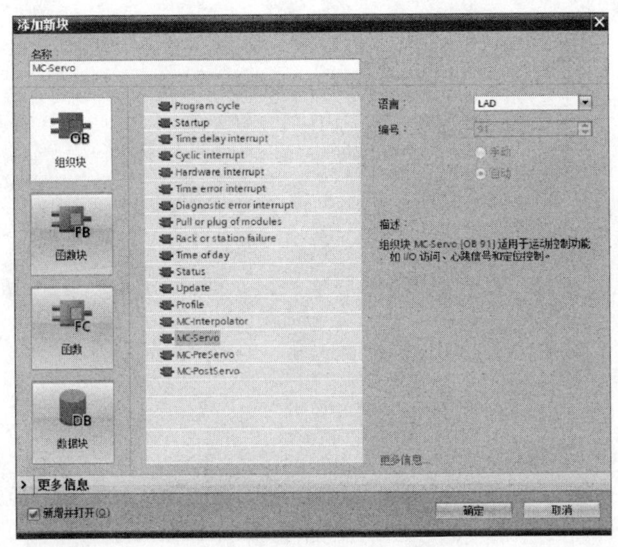


图 1-33 MC 伺服 OB 视图

⑯ 运动控制相关的 OB，MC-PreServo：在组态运动控制时，系统自动生成，只读且受到写保护，内容无法更改。MC-PreServo [OB 67] 将在 MC-Servo [OB 91] 之前直接调用。通过 MC-PreServo 组织块，可读取所组态的应用周期（该数据的单位为 μs。创建如图 1-34 所示。

⑰ 运动控制相关的 OB，MC-PostServo：在组态运动控制时，系统自动生成，只读且受到写保护，内容无法更改。编程组织 MC-PostServo [OB 95]，在组态的应用周期内在 MC-Servo [OB 91] 中进行调用。MC-PostServo [OB 95] 将在 MC-Servo [OB 91] 之后直接调用。创建如图 1-35 所示。

## 1.4.2 FC 块

FC 函数是不含存储区的程序块，通过 FC 函数可在用户程序中传送参数，其相当于子程序，必须调用才会执行。FC 函数特别适合取代频繁出现的复杂结构，如计算等。由于没有可以存储块参数值的数据存储器，因此调用函数时，必须给所有形参分配实参。FC 函数可以使用局部变量处理数据，也可以用全局数据块永久性存储数据。

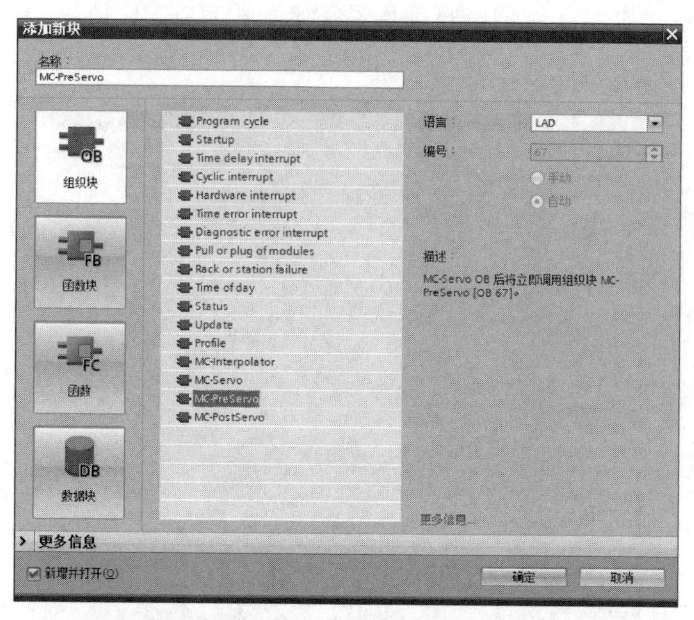


图 1-34　运动控制相关的 OB 视图（1）

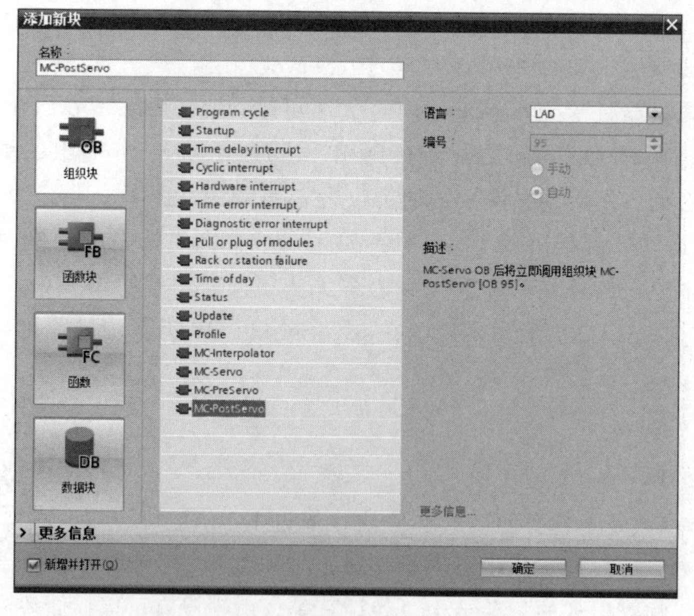


图 1-35　运动控制相关的 OB 视图（2）

### (1) 创建 FC 块

① 打开项目树，点击“添加新块”，进入添加块窗口，点击“FC 函数”，可以在这个页面编写 FC 块的名称和编程语言，编程语言选择 SCL，如图 1-36 所示。

图 1-36　创建函数 FC 块

② 点击“确定”，进入博途主页面，在项目树类目的程序块中可以看到创建好的 FC 块，在工作区就可以编写 SCL 语言，如图 1-37 所示。

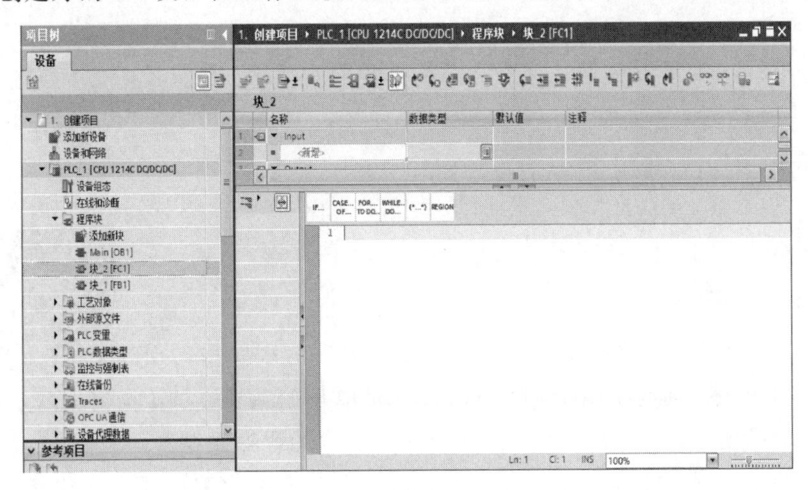


图 1-37　创建 SCL 编程区

### (2) FC块参数分配

FC块的局部变量表如图1-38所示。

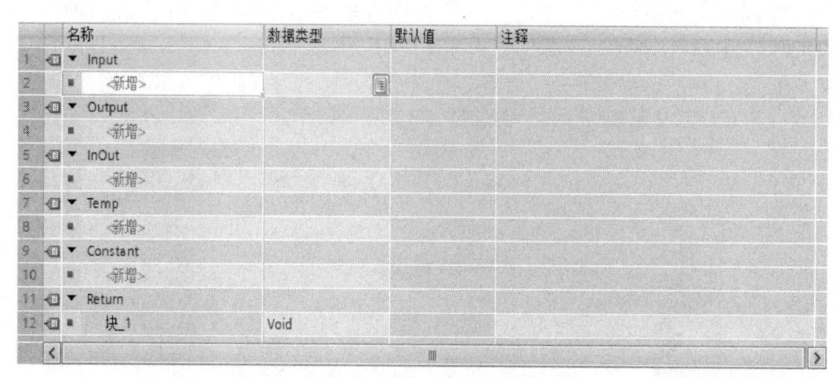

| | 名称 | 数据类型 | 默认值 | 注释 |
|---|---|---|---|---|
| 1 | ▼ Input | | | |
| 2 | <新增> | | | |
| 3 | ▼ Output | | | |
| 4 | <新增> | | | |
| 5 | ▼ InOut | | | |
| 6 | <新增> | | | |
| 7 | ▼ Temp | | | |
| 8 | <新增> | | | |
| 9 | ▼ Constant | | | |
| 10 | <新增> | | | |
| 11 | ▼ Return | | | |
| 12 | 块_1 | Void | | |

图1-38 FC的局部变量表

① Input：输入参数。外部输入的参数，只能被本程序块读，每次块调用前，只能读取输入参数一次。在块中写入一个输入参数时，不会对实参造成影响。

② Output：输出参数。程序块输出的参数，可以被本程序块读写。如果在函数中没有调用写入该函数的输出参数，那么输出参数将使用默认值。

③ InOut：输入/输出参数。同时具备输入和输出功能，在本块调用之前读取输入/输出参数并在块调用之后写入。

④ Temp：临时局部数据。在块内部使用，用于暂时存储数据的变量。Temp变量没有记忆功能，必须先赋值后使用。

⑤ Constant：常量。在函数内部使用，意思是恒定不变的变量，只能在声明处修改。

⑥ Return：函数值，返回值。本块处理完成后返回一个结果给主程序。

## 1.4.3 FB块

FB函数块是带DB背景数据块存储数据的程序块，相当于子程序，必须调用才会执行。FB可以理解为FC加DB数据块，FB函数块每次调用都会生成一个DB块，FB内的程序做逻辑运算，DB背景数据块用于存储数据。FB函数块特别适合需要多次重复调用的功能，比如数学公式、重复的运算功能等。

**(1) 创建 FB 块**

① 打开项目树，点击“添加新块”，进入添加块窗口，点击“FB 函数”，可以在这个页面编写 FB 块的名称和编程语言，在编程语言中选择 SCL，如图 1-39 所示。

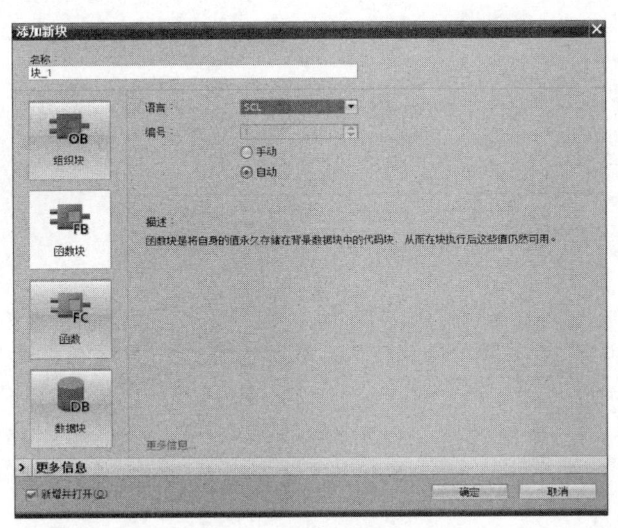


图 1-39　创建 SCL 语言 FB 块

② 点击“确定”，进入博途主页面，在项目树类目的程序块中可以看到创建好的 FB 块，在工作区就可以编写 SCL 语言了，如图 1-40 所示。

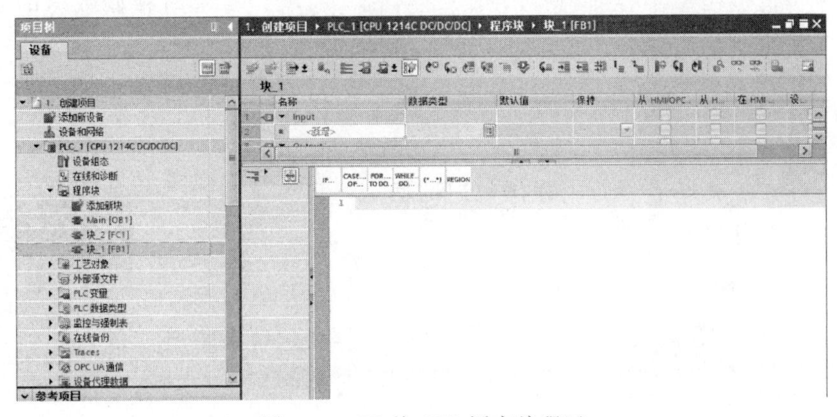


图 1-40　FB 块 SCL 语言编程区

(2) **FB块参数分配**

FB块的局部变量表如图1-41所示。

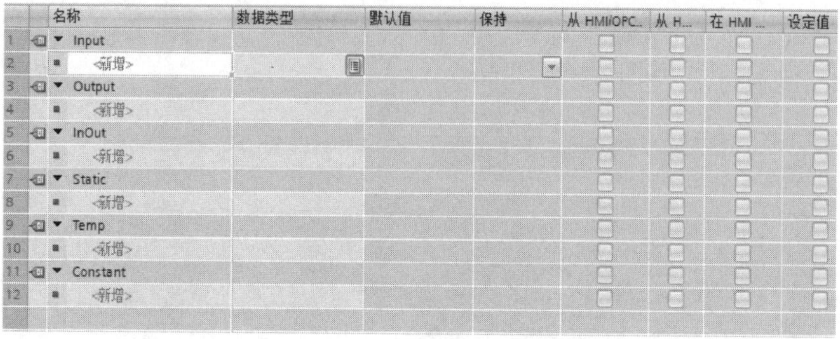

| | 名称 | 数据类型 | 默认值 | 保持 | 从 HMI/OPC... | 从 H... | 在 HMI ... | 设定值 |
|---|---|---|---|---|---|---|---|---|
| 1 | ▼ Input | | | | | | | |
| 2 | <新增> | | | | | | | |
| 3 | ▼ Output | | | | | | | |
| 4 | <新增> | | | | | | | |
| 5 | ▼ InOut | | | | | | | |
| 6 | <新增> | | | | | | | |
| 7 | ▼ Static | | | | | | | |
| 8 | <新增> | | | | | | | |
| 9 | ▼ Temp | | | | | | | |
| 10 | <新增> | | | | | | | |
| 11 | ▼ Constant | | | | | | | |
| 12 | <新增> | | | | | | | |

图1-41 FB块的局部变量表

① Input：输入参数。外部输入的参数，只能被本程序块读取，每次块调用前，只能读取输入参数一次。在块中写入一个输入参数时，不会对实参造成影响。

② Output：输出参数。程序块输出的参数，可以被本程序块读写。如果在函数中没有调用写入该函数的输出参数，那么输出参数将使用默认值。

③ InOut：输入/输出参数。同时具备输入和输出功能，在本块调用之前读取输入/输出参数并在块调用之后写入。

④ Static：静态变量。只能用在FB块中使用。静态数据在块运行期间被存储在背景数据块，当FB块被调用块运行时，能读出或修改静态变量；被调用块结束后，静态变量保留在数据块中。

⑤ Temp：临时局部数据。在块内部使用，用于暂时存储数据的变量。Temp变量没有记忆功能，必须先赋值后使用。

⑥ Constant：常量。在函数内部使用，意思是恒定不变的变量，只能在声明处修改。

## 1.4.4 DB块

DB全局数据块用于存储程序数据，数据块包含由用户程序使用的变量数据。全局数据块存储的数据所有项目的程序都可以调用。数据块的大小因CPU的不同而各异，可由用户自行定义全局数据块的结构。

(1) **DB 全局数据块**

① 创建普通 DB 块，先打开项目树，点击“添加新块”，进入添加块窗口，点击“DB 数据块”，可以在这个页面编写 DB 块的名称和类型，如图 1-42 所示。

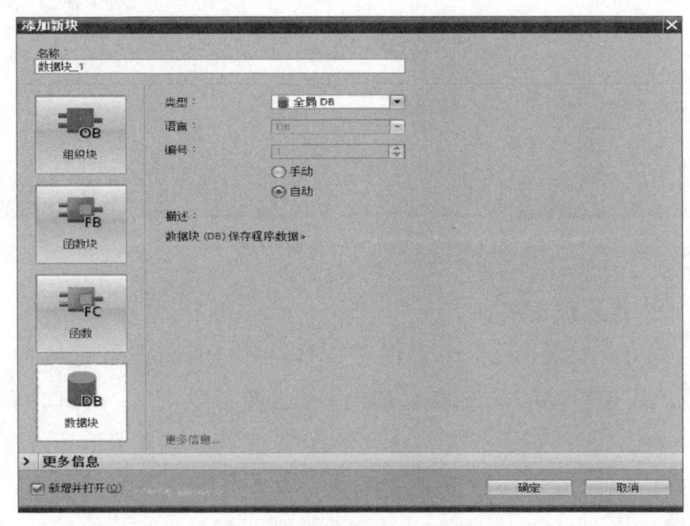


图 1-42　创建 DB 数据块

② 点击“确定”，进入博途主页面，在项目树类目的程序块中可以看到创建好的 DB 块，在工作区可以编写 DB 块全局变量，如图 1-43 所示。

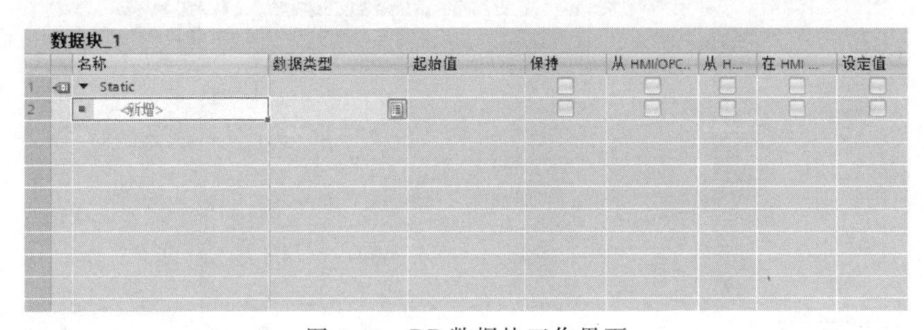


图 1-43　DB 数据块工作界面

③ DB 数据块有两种使用形态，常用的是优化 DB 块的符号地址，还有一个就是非优化的 DB 块。非优化的 DB 块可以使用 DB 块的指针地址，用于通信，如与其他品牌的触摸屏进行通信。在 DB 全局块的属性中，取消“优化的块访问”，如图 1-44 所示。

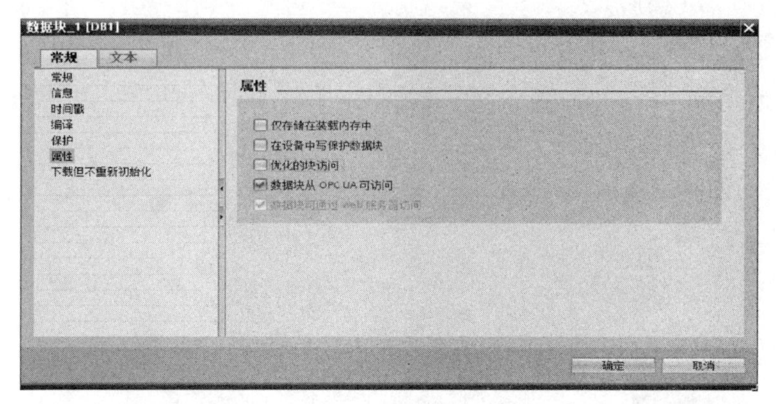


图 1-44　DB 全局块的属性

**(2) DB 背景数据块**

每次调用 FB 块或者指令块都要选择一个 DB 背景数据块，一个 DB 背景数据块用于存储一个或多个 FB 程序或者指令块。一个 DB 背景数据块存放一个 FB 程序数据或者指令块称为普通背景数据块，一个 DB 背景数据块存放多个 FB 程序数据或者指令块称为多重背景数据块。

指令的普通背景数据块：定时器和计数器等是做项目常用的指令，每个指令块都会生成一个 DB 背景块。以定时器举例，在程序块中，拖入定时器指令到编程工作区，如图 1-45 所示。

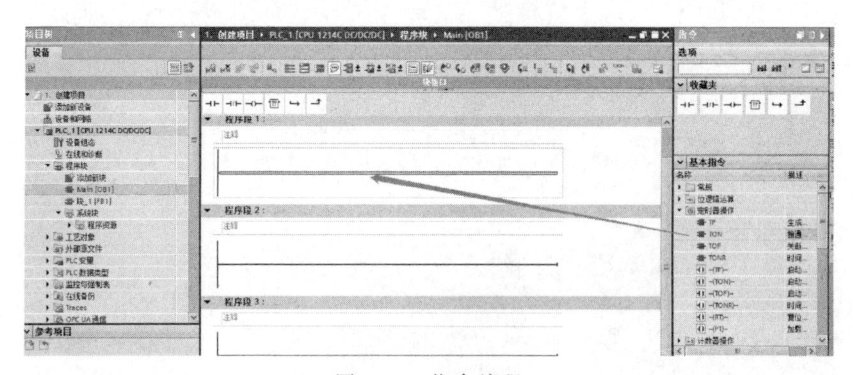


图 1-45　指令编程

① 拖入指令后会自动提示生成一个 DB 块，点击“确定”就会生成指令的 DB 背景数据块，如图 1-46 所示。

② FB 的背景数据块：FB 每次调用的时候都会生成一个 DB 块，这

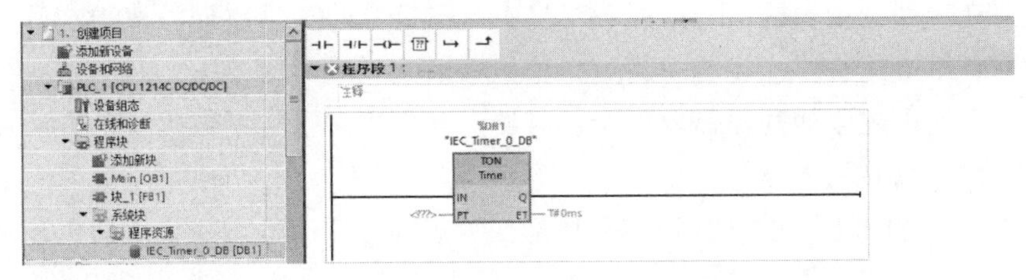


图 1-46　指令的 DB 块

个 DB 块专用于一个 FB 块保存数据。首先创建一个 FB 块，在 OB1 中调用这个 FB 块，如图 1-47 所示。

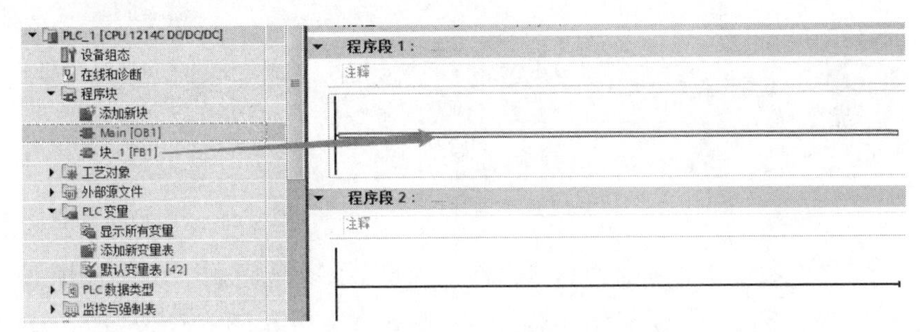


图 1-47　在 OB1 中调用这个 FB 块

③ 自动生成一个 DB 块：点击“确定”生成 FB1 的专用背景数据块，如图 1-48 所示。

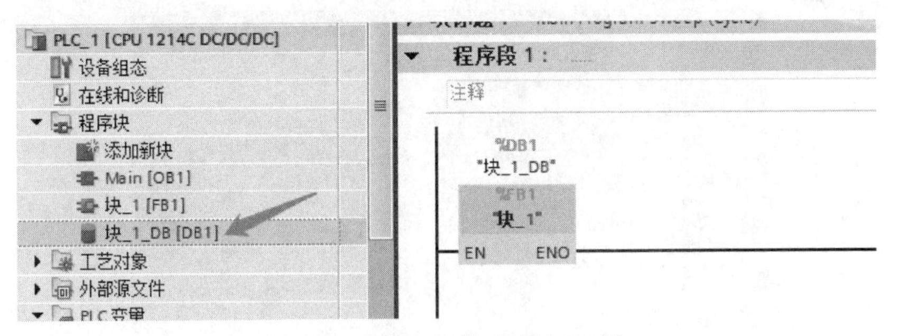


图 1-48　调用 FB 块生成的 DB 块

**(3) 指令的多重背景数据块**

项目程序中通常都需要大量的定时器和计数器等指令，每个定时器都需要 DB 背景块。如果每个指令都使用一个 DB 块，大型的程序中就会生成大量的 DB 块，大大增加程序内存和程序复杂性。为了解决这个问题，需要在局部变量表的 Static 静态变量中组态指令的背景数据，使用这种功能的背景数据块称为多重背景数据块。

下面讲述假如程序需要两个定时器，如何用多重背景数据块的方法在 FB 块里面调用。

① 用打开创建的 FB 块，在局部变量表的 Static 静态变量里面创建两个 IEC_TIMER 数据类型，如图 1-49 所示。

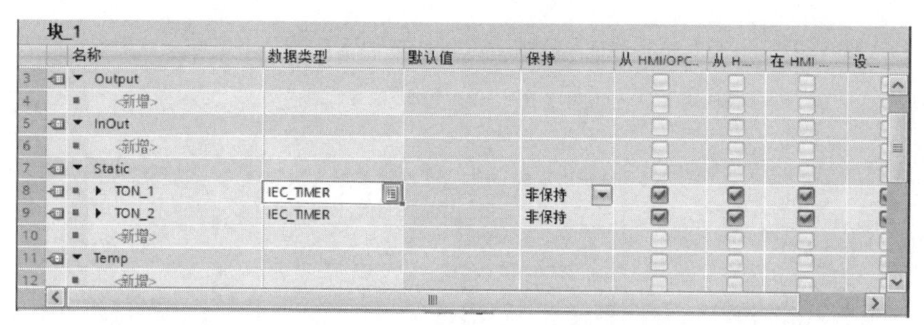


图 1-49　FB 块创建 Static 静态变量

② 拖入第一个定时器 TON 指令，选择 DB 多重实例，接口参数名称选择＃TON_1，如图 1-50 所示，点击“确定”生成，第一个定时器完成。

③ 拖入第二个定时器 TON 指令，选择 DB 多重实例，接口参数名称选择＃TON_2，点击“确定”生成，如图 1-51 所示。

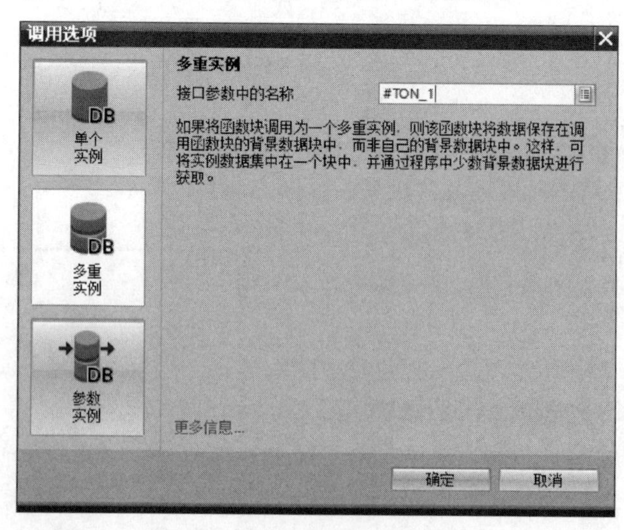


图 1-50　定时器多重实例 DB（1）

图 1-51　定时器多重实例 DB（2）

④ 把两个定时器的参数和条件完善，就完成了 FB 程序，如图 1-52 所示。

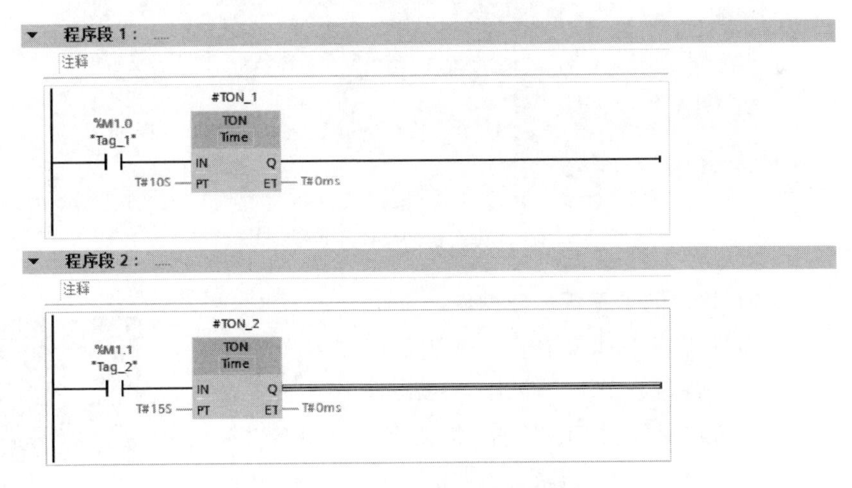


图 1-52　两个定时器多重数据块编程

⑤ 把完成的 FB 程序放到 OB 块里面调用，会自动生成一个正对 FB 块的 DB 背景数据块，如图 1-53 所示。

⑥ 多个定时器的背景数据块被包含在它们所在的 FB 功能块的 DB 背景数据块中，不需要为每个定时器设置一个单独的背景数据块，如图 1-54

所示。

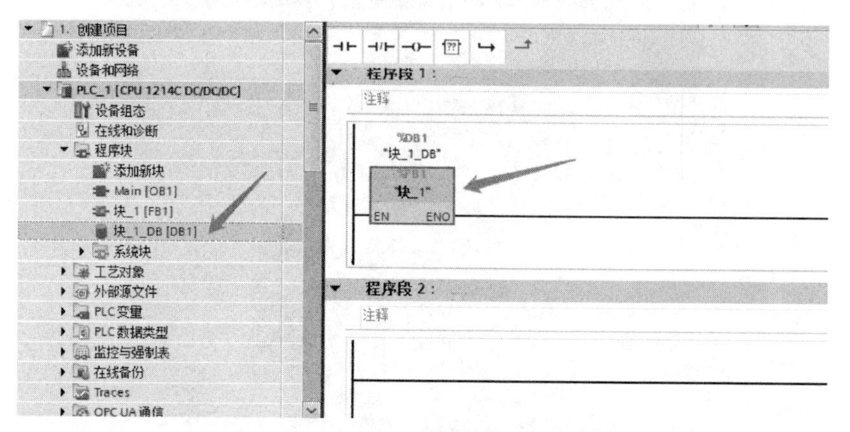


图 1-53　调用 FB 块

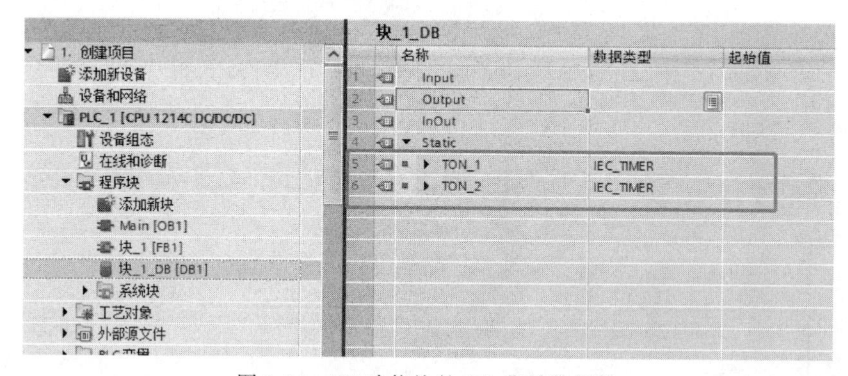


图 1-54　FB 功能块的 DB 背景数据块

**(4) FB 程序的多重背景数据块**

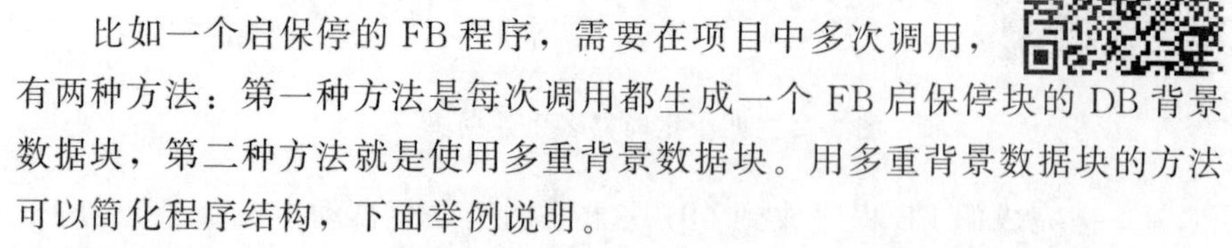

一个项目程序中如果有多个 FB 程序需要多次调用，也可以用多重背景数据块，简化程序结构，节省内存。

比如一个启保停的 FB 程序，需要在项目中多次调用，有两种方法：第一种方法是每次调用都生成一个 FB 启保停块的 DB 背景数据块，第二种方法就是使用多重背景数据块。用多重背景数据块的方法可以简化程序结构，下面举例说明。

① 创建一个 FB 程序块，程序块里面使用局部变量，在 Input 里面创建“启动”和“停止”，在 Output 里面创建“输出”，如图 1-55 所示。

② 启保停 FB1 程序里面写一个启保停程序，都使用局部变量，如

图 1-56 所示。

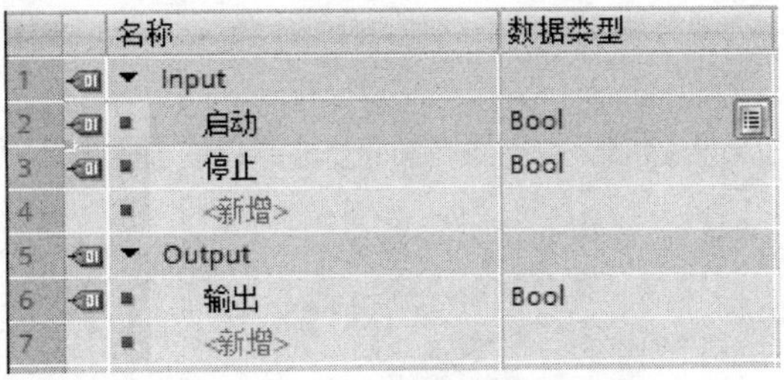

|  |  | 名称 | 数据类型 |
|---|---|---|---|
| 1 |  | ▼ Input |  |
| 2 |  | 启动 | Bool |
| 3 |  | 停止 | Bool |
| 4 |  | <新增> |  |
| 5 |  | ▼ Output |  |
| 6 |  | 输出 | Bool |
| 7 |  | <新增> |  |

图 1-55 FB 功能块的局部变量

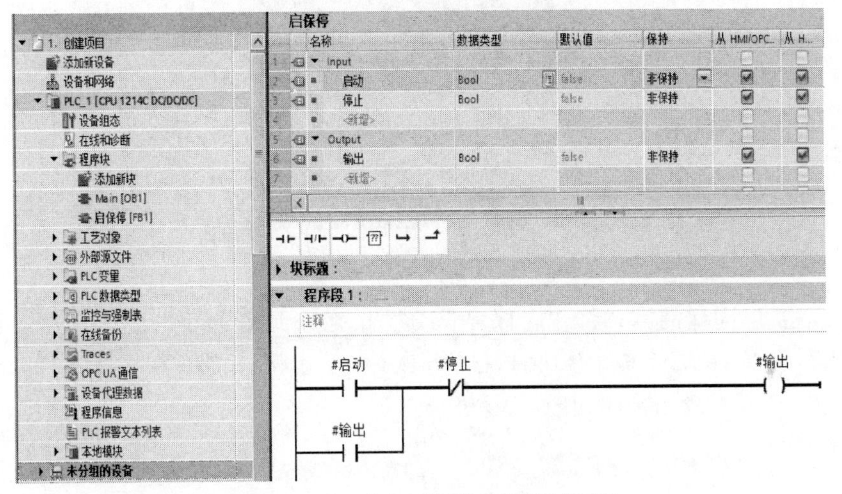


图 1-56 FB 块中用局部变量编写程序

③ 创建一个新的 FB 块，在局部数据块的 Static 里面创建“启保停_1”和“启保停_2”，如图 1-57 所示。

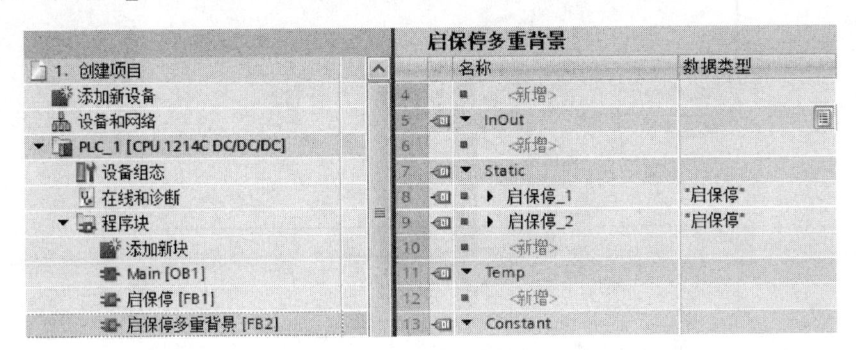


图 1-57 FB 块中创建局部变量

④ 将“启保停 FB1”块拖入到新创建的“启保停多重背景 FB2”中，生成 DB 块时，选择 DB 多重实例，接口参数选择“#启保停_1”，如图 1-58 所示。

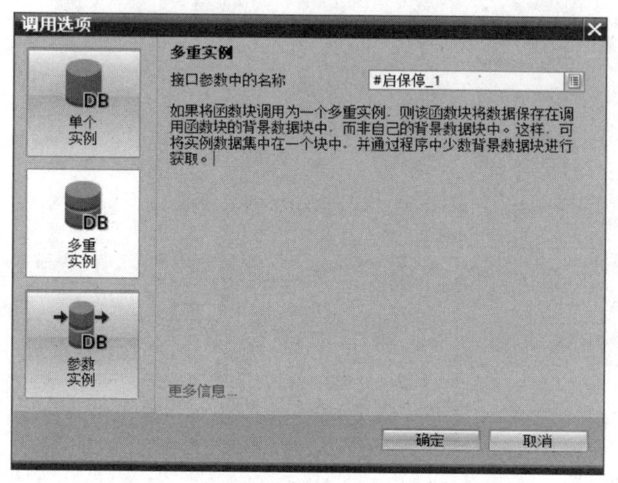


图 1-58　DB 多重实例

⑤ 以同样的方式将“启保停 FB1”块拖入到新创建的“启保停多重背景 FB2”中，生成 DB 块时，选择 DB 多重实例，接口参数选择“#启保停_2”，生成的程序如图 1-59 所示。

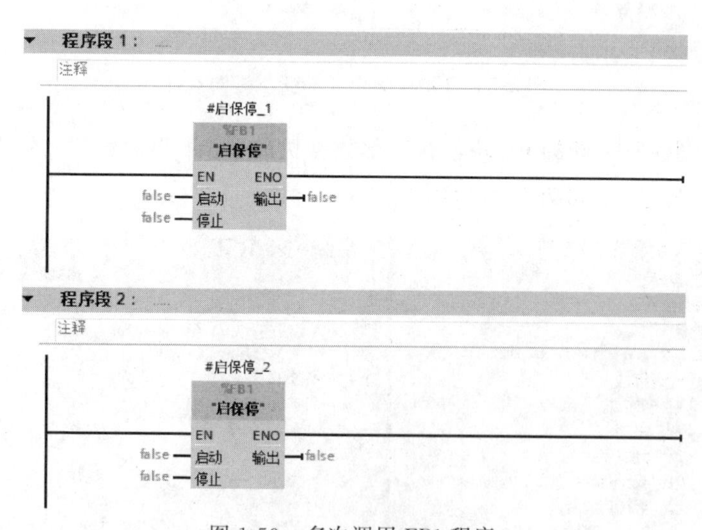


图 1-59　多次调用 FB1 程序

⑥ 将块的参数和条件填写完整，如图 1-60 所示，FB1 调用两次，可以独立运行，互相不受影响。

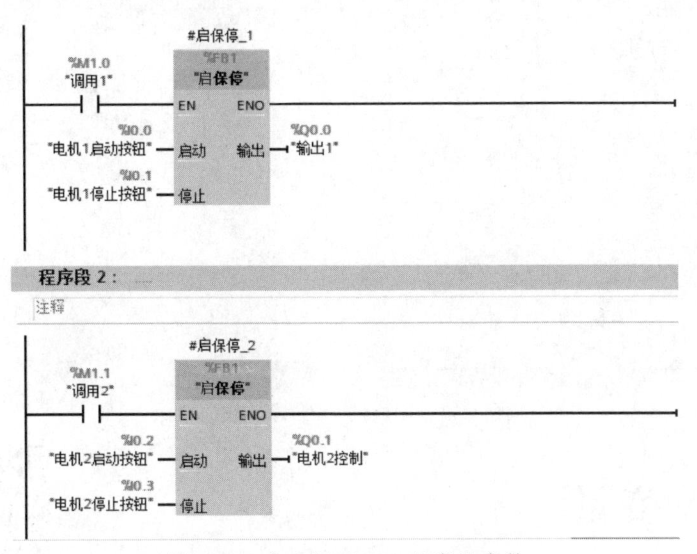


图 1-60　多次调用 FB1 程序及参数

⑦ 在主程序 OB1 中调用 FB2，会生成一个 FB2 的背景数据块 DB1，如图 1-61 所示。

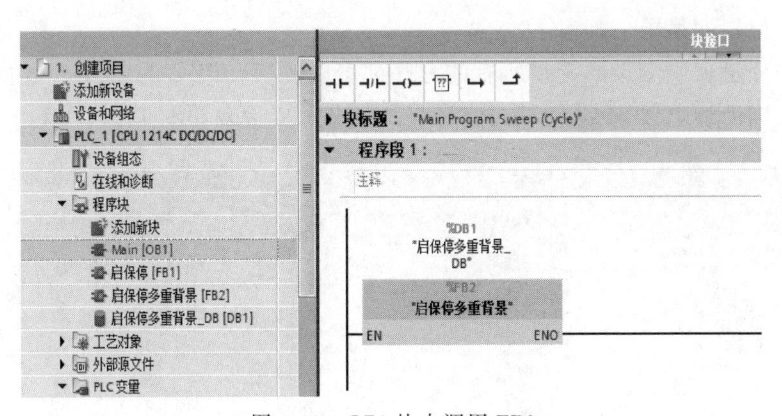


图 1-61　OB1 块中调用 FB2

⑧ 在 DB1 背景数据块里面就可以看到“启保停_1”和“启保停_2”的多重背景数据，如图 1-62 所示。

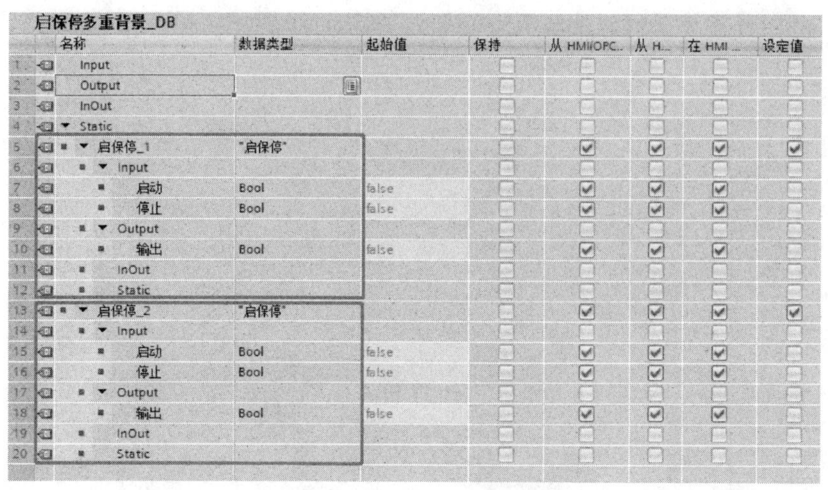


图 1-62　FB2 的 DB1 背景数据块

# 1.5　变量

## 1.5.1　全局变量

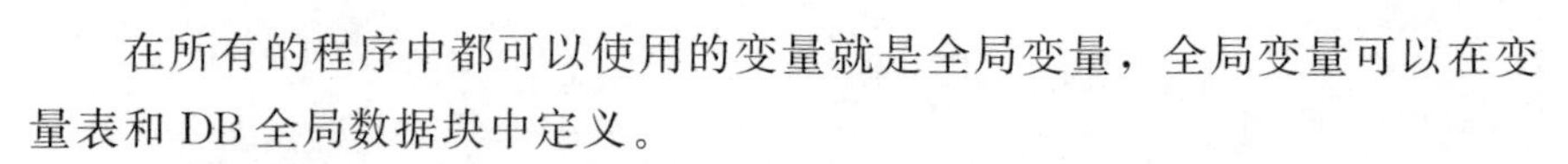

在所有的程序中都可以使用的变量就是全局变量，全局变量可以在变量表和 DB 全局数据块中定义。

**(1) 变量表**

变量表中定义的变量所有的程序都可以使用，PLC 的输入 I、输出 Q 以及辅助继电器 M 都可以在变量表中定义，变量表如图 1-63 所示。

图 1-63　变量表

### (2) DB 全局数据块

如图 1-64 所示为 DB 全局数据块。

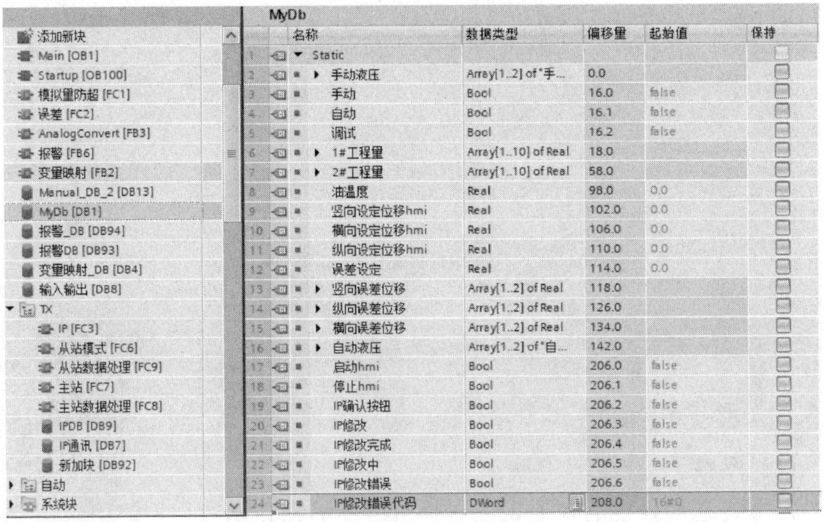

添加新块
Main [OB1]
Startup [OB100]
模拟量防超 [FC1]
误差 [FC2]
AnalogConvert [FB3]
报警 [FB6]
变量映射 [FB2]
Manual_DB_2 [DB13]
MyDb [DB1]
报警_DB [DB94]
报警DB [DB93]
变量映射_DB [DB4]
输入输出 [DB8]
TX
IP [FC3]
从站模式 [FC6]
从站数据处理 [FC9]
主站 [FC7]
主站数据处理 [FC8]
IPDB [DB9]
IP通讯 [DB7]
新加块 [DB92]
自动
系统块

MyDb

| | 名称 | 数据类型 | 偏移量 | 起始值 | 保持 |
|---|---|---|---|---|---|
| 1 | Static | | | | |
| 2 | 手动液压 | Array[1..2] of "手... | 0.0 | | |
| 3 | 手动 | Bool | 16.0 | false | |
| 4 | 自动 | Bool | 16.1 | false | |
| 5 | 调试 | Bool | 16.2 | false | |
| 6 | 1#工程量 | Array[1..10] of Real | 18.0 | | |
| 7 | 2#工程量 | Array[1..10] of Real | 58.0 | | |
| 8 | 油温度 | Real | 98.0 | 0.0 | |
| 9 | 竖向设定位移hmi | Real | 102.0 | 0.0 | |
| 10 | 横向设定位移hmi | Real | 106.0 | 0.0 | |
| 11 | 纵向设定位移hmi | Real | 110.0 | 0.0 | |
| 12 | 误差设定 | Real | 114.0 | 0.0 | |
| 13 | 竖向误差位移 | Array[1..2] of Real | 118.0 | | |
| 14 | 纵向误差位移 | Array[1..2] of Real | 126.0 | | |
| 15 | 横向误差位移 | Array[1..2] of Real | 134.0 | | |
| 16 | 自动液压 | Array[1..2] of "自... | 142.0 | | |
| 17 | 启动hmi | Bool | 206.0 | false | |
| 18 | 停止hmi | Bool | 206.1 | false | |
| 19 | IP确认按钮 | Bool | 206.2 | false | |
| 20 | IP修改 | Bool | 206.3 | false | |
| 21 | IP修改完成 | Bool | 206.4 | false | |
| 22 | IP修改中 | Bool | 206.5 | false | |
| 23 | IP修改错误 | Bool | 206.6 | false | |
| 24 | IP修改错误代码 | DWord | 208.0 | 16#0 | |

图 1-64 DB 全局数据块

## 1.5.2 局部变量

局部变量是在某一个块的变量表中定义的变量，只能供本块使用，其他块程序无法调用。FB 块的局部变量表如图 1-65 所示。

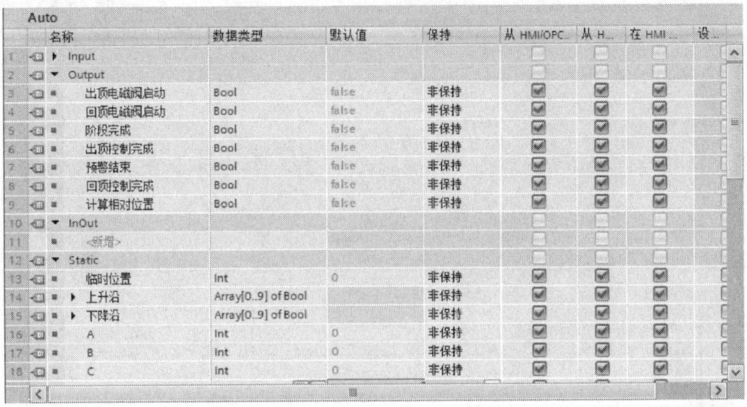

Auto

| | 名称 | 数据类型 | 默认值 | 保持 | 从 HMI/OPC... | 从 H... | 在 HMI ... | 设... |
|---|---|---|---|---|---|---|---|---|
| 1 | Input | | | | | | | |
| 2 | Output | | | | | | | |
| 3 | 出顶电磁阀启动 | Bool | false | 非保持 | ☑ | ☑ | ☑ | |
| 4 | 回顶电磁阀启动 | Bool | false | 非保持 | ☑ | ☑ | ☑ | |
| 5 | 阶段完成 | Bool | false | 非保持 | ☑ | ☑ | ☑ | |
| 6 | 出顶控制完成 | Bool | false | 非保持 | ☑ | ☑ | ☑ | |
| 7 | 预警结束 | Bool | false | 非保持 | ☑ | ☑ | ☑ | |
| 8 | 回顶控制完成 | Bool | false | 非保持 | ☑ | ☑ | ☑ | |
| 9 | 计算相对位置 | Bool | false | 非保持 | ☑ | ☑ | ☑ | |
| 10 | InOut | | | | | | | |
| 11 | <新增> | | | | | | | |
| 12 | Static | | | | | | | |
| 13 | 临时位置 | Int | 0 | 非保持 | ☑ | ☑ | ☑ | |
| 14 | 上升沿 | Array[0..9] of Bool | | 非保持 | ☑ | ☑ | ☑ | |
| 15 | 下降沿 | Array[0..9] of Bool | | 非保持 | ☑ | ☑ | ☑ | |
| 16 | A | Int | 0 | 非保持 | ☑ | ☑ | ☑ | |
| 17 | B | Int | 0 | 非保持 | ☑ | ☑ | ☑ | |
| 18 | C | Int | 0 | 非保持 | ☑ | ☑ | ☑ | |

图 1-65 FB 块局部变量表

用局部变量编写的程序，局部变量前面有“#”号，如图 1-66 所示。

```
1  IF #上升沿[0] THEN
2      #A := 10;
3      #B := 10;
4      #阶段完成 := 0;
5      #临时位置 := 0;
6      #出顶初始位 := #当前位置;
7  END_IF;
8  //自动出顶的时候
9
10 IF #下降沿[0] THEN
11     #阶段完成 := 0;
12     #出顶控制完成 := 0;
13     #回顶控制完成 := 0;
14
15     #出顶电磁阀启动 := 0;
16     #回顶电磁阀启动 := 0;
17 END_IF;
18 //自动出顶和自动回顶的时候
```

图 1-66　局部变量表编写 SCL 程序

## 1.5.3　形参和实参

### (1) 形参

形参就是形式上的参数，没有具体值。形参在函数中被调用时用于接收实参值的变量，比如 FC 或者 FB 带有参数块的时候，局部变量表中需要定义外部值对应的参数。

如图 1-67 中的 FB 块中，局部变量表中“启动”“停止”“输出”都是形参。

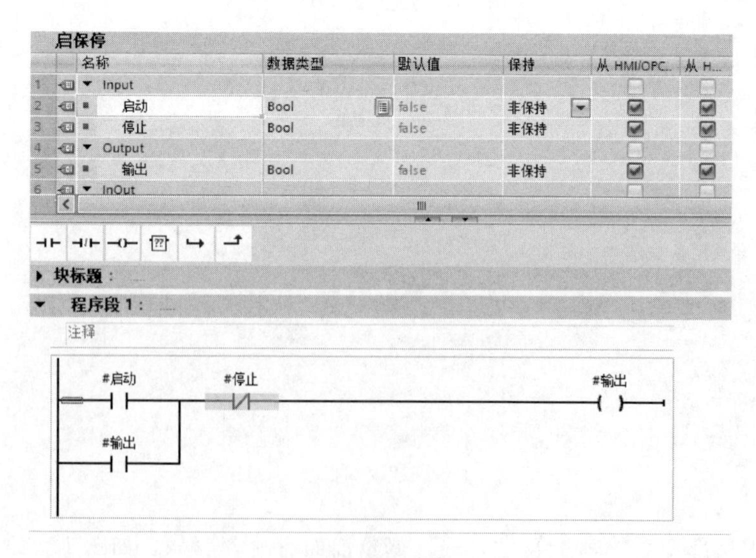


图 1-67　形参

**(2) 实参**

实参，实际的参数，是在调用时传递给函数的参数，即传递被调用函数的值。如图 1-68 所示，调用 FB 时，块针脚上的变量“I0.0”“I0.1”“Q0.0”都是实参。

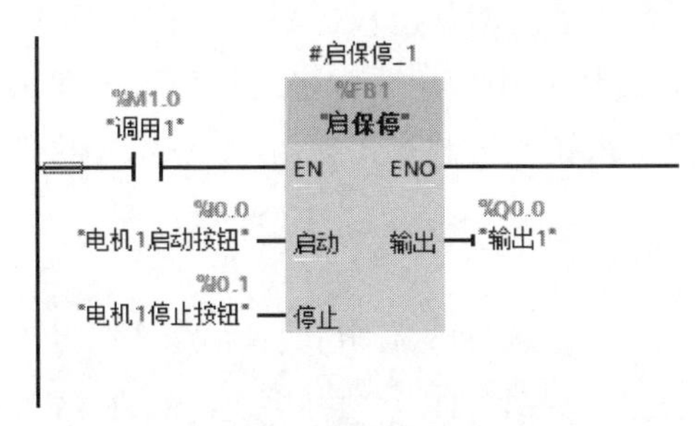


图 1-68 实参

# 1.6 PLC 数据类型

## 1.6.1 数据进制

进制又叫计数制，是展现统计数据的方式。十进制是全世界通用的默认数据表达方式。除了十进制，进制种类还有很多，下面举几个例子说明。

时间上有 60 秒进 1 分，60 分进 1 时，24 时进 1 天，365 天进 1 年。这里的 60、24、365 都属于进制，是一种数据的表现方式。

此外，《周易》中的阴阳就是二进制。天干是十进制，地支是十二进制，生肖也是十二进制。

可以看出，进制是一种表示数据的方式。在 PLC 里面，常用的进制有二进制、八进制、十进制和十六进制。下面分别介绍。

① 二进制。所谓二进制就是逢二进一，数据内容只有 0 和 1。二进制是电子电路最基础的底层逻辑。

为什么计算机的底层逻辑是二进制？我们知道二进制是由 0 和 1 组成，任何形式的计算机都是由电子电路组成的，电子电路永远只有两种状态：接通和断开。电路的两种状态刚好与二进制的 0 和 1 对应。通常把接通表示为 1，断开表示为 0。

类似地，PLC 的输入和输出都是一个 Bool 量［只有真（true）和假

(false) 两种状态，通常用于表示逻辑状态]，即只有接通和断开两种状态，所以任何一个 Bool 量都是一位二进制数，都有 0 和 1 两种状态。二进制的表示方法举例：0，1，10，11，100，101，110，111，1000，1001，1010……

② 八进制。所谓八进制就是逢八进一，数据内容有 0、1、2、3、4、5、6、7。八进制是在 PLC 中使用非常多的一种数据表示方式，绝大部分的 PLC 输入和输出都采用八进制，比如西门子 PLC 的输入和输出。举例如下。

输入：

I0.0　I0.1　I0.2　I0.3　I0.4　I0.5　I0.6　I0.7

I1.0　I1.1　I1.2　I1.3　I1.4　I1.5　I1.6　I1.7

输出：

Q0.0　Q0.1　Q0.2　Q0.3　Q0.4　Q0.5　Q0.6　Q0.7

Q1.0　Q1.1　Q1.2　Q1.3　Q1.4　Q1.5　Q1.6　Q1.7

③ 十进制。所谓十进制就是逢十进一，数据内容有 0、1、2、3、4、5、6、7、8、9。十进制是日常生活中常见的数据表示方式。

④ 十六进制。所谓十六进制就是逢十六进一，数据内容有 0、1、2、3、4、5、6、7、8、9、A、B、C、D、E、F。十六进制是 PLC 和很多电子产品中对数据的表示方式。

十六进制数的表示方法举例：

0，1，2，3，4，5，6，7，8，9，A，B，C，D，E，F

10，11，12，13，14，15，16，17，18，19，1A，1B，1C，1D，1E，1F

20，21，……，2F

### 1.6.2 进制转换

**(1) 二进制转十进制**

方法规律：将多位二进制数依次展开，分别用每个二进制数乘以 2 的递增幂次方。递增规律为个位上的数字的次方数是 0，十位上的数字的次方数是 1……依次递增。

例如：1011（二进制）$=1\times 2^3+0\times 2^2+1\times 2^1+1\times 2^0=11$（十进制）

**(2) 十进制转二进制**

十进制转二进制是采用除 2 取余逆序排列法。具体做法是：用 2 整除十进制整数，可以得到一个商和余数，再用 2 去整除商，又会得到一个商和余数……如此进行，直到商小于 1 时为止。然后把先得到的余数作为二进制数的低位有效位，后得到的余数作为二进制数的高位有效位，依次排列起来。

例如：207（十进制）＝11001111（二进制）

算法如下：

207÷2＝103（余 1）

103÷2＝51（余 1）

51÷2＝25（余 1）

25÷2＝12（余 1）

12÷2＝6（余 0）

6÷2＝3（余 0）

3÷2＝1（余 1）

1÷2＝0（余 1）

**(3) 二进制转十六进制**

二进制转十六进制采用四合一法，即四位二进制合成一位十六进制，如图 1-69 所示。

例如：10 1101 0101 1100（二进制）＝2D5C（十六进制）

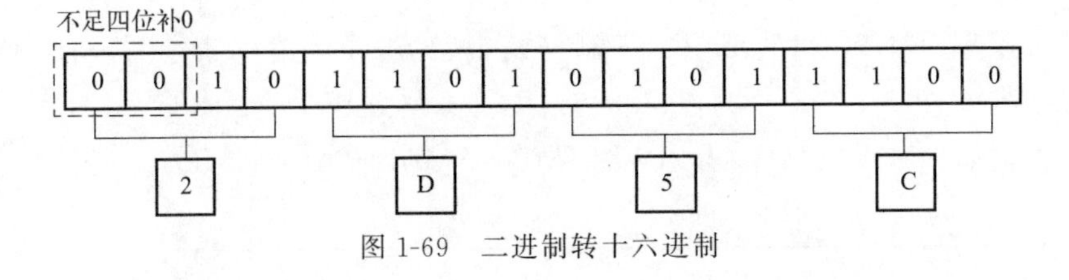


图 1-69　二进制转十六进制

**(4) 所有进制的转换方法**

PLC 编程常用的进制有二进制、八进制、十进制、十六进制，相互之间都可以转换，前面的案例只是为了方便大家理解转换规则。在实际编程的时候，为了节省时间，提高工作效率，通常用计算器进行计算，所以对进制的转换规则了解一下就可以了，当然有兴趣的读者也可以自己细细研究。

## 1.6.3 数据类型

**(1) 数据结构**

① 布尔量 Bool：1 位，状态 TRUE、FALSE。例如：M0.0，I0.0，Q0.1

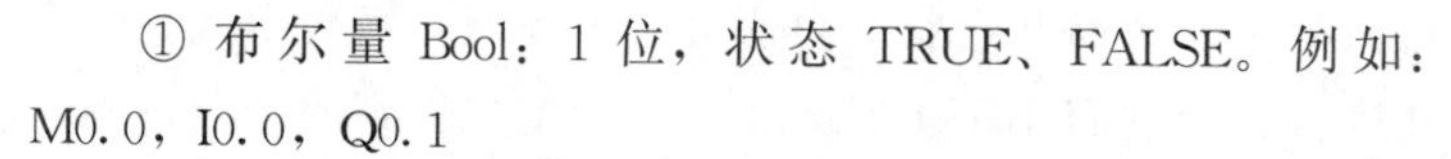

② 字节 Byte：8 位，数据存储范围：有符号整数是－128～127，无符号整数是 0～255。

例如：MB0＝M0.7，M0.6，M0.5，M0.4，M0.3，M0.2，M0.1，M0.0（如图 1-70 所示）。

| MB0 | | | | | | | |
|---|---|---|---|---|---|---|---|
| M0.7 | M0.6 | M0.5 | M0.4 | M0.3 | M0.2 | M0.1 | M0.0 |

图 1-70 MB0 示意

③ 字 Word：16 位二进制（两个字节），数据存储范围：有符号整数是－32768～32767，无符号整数是 0～65535。例如：MW0＝MB0，MB1（如图 1-71 所示）。

| MW0 | | | | | | | | | | | | | | | |
|---|---|---|---|---|---|---|---|---|---|---|---|---|---|---|---|
| MB0 | | | | | | | | MB1 | | | | | | | |
| M0.7 | M0.6 | M0.5 | M0.4 | M0.3 | M0.2 | M0.1 | M0.0 | M1.7 | M1.6 | M1.5 | M1.4 | M1.3 | M1.2 | M1.1 | M1.0 |

图 1-71 MW0 示意

④ 双字 DWord：32 位二进制（四个字节），数据存储范围：有符号整数是－2147483647～2147483647，无符号整数是 0～4294967295。

例如：MD0＝MW0＋MW2＝MB0＋MB1＋MB2＋MB3（如图 1-72 所示）。

| MD0 | | | | | | | | | | | | | | | | | | | | | | | | | | | | | | | |
|---|---|---|---|---|---|---|---|---|---|---|---|---|---|---|---|---|---|---|---|---|---|---|---|---|---|---|---|---|---|---|---|
| MW0 | | | | | | | | | | | | | | | | MW2 | | | | | | | | | | | | | | | |
| MB0 | | | | | | | | MB1 | | | | | | | | MB2 | | | | | | | | MB3 | | | | | | | |
| M0.7 | M0.6 | M0.5 | M0.4 | M0.3 | M0.2 | M0.1 | M0.0 | M1.7 | M1.6 | M1.5 | M1.4 | M1.3 | M1.2 | M1.1 | M1.0 | M2.7 | M2.6 | M2.5 | M2.4 | M2.3 | M2.2 | M2.1 | M2.0 | M3.7 | M3.6 | M3.5 | M3.4 | M3.3 | M3.2 | M3.1 | M3.0 |

图 1-72 MD0 示意

⑤ Bool、Byte、Word 和 DWord 数据类型详细介绍如表 1-1 所示。

表 1-1　Bool、Byte、Word 和 DWord 数据类型介绍

| 数据类型 | 位大小 | 数值类型 | 数值范围 | 常数示例 | 地址示例 |
|---|---|---|---|---|---|
| Bool | 1 | 布尔运算 | FALSE 或 TRUE | TRUE | I1.0<br>Q0.1<br>M50.7<br>DB1.DBX2.3<br>Tag_name |
| | | 二进制 | 2#0 或 2#1 | 2#0 | |
| | | 无符号整数 | 0 或 1 | 1 | |
| | | 八进制 | 8#0 或 8#1 | 8#1 | |
| | | 十六进制 | 16#0 或 16#1 | 16#1 | |
| Byte | 8 | 二进制 | 2#0～2#1111_1111 | 2#1000_1001 | IB2<br>MB10<br>DB1.DBB4<br>Tag_name |
| | | 无符号整数 | 0～255 | 15 | |
| | | 有符号整数 | －128～127 | －63 | |
| | | 八进制 | 8#0～8#377 | 8#17 | |
| | | 十六进制 | B#16#0～B#16#FF,16#0～16#FF | B#16#F、16#F | |
| Word | 16 | 二进制 | 2#0～2#1111_1111_1111_1111 | 2#1101_0010_1001_0110 | MW10<br>DB1.DBW2<br>Tag_name |
| | | 无符号整数 | 0～65535 | 61680 | |
| | | 有符号整数 | －32768～32767 | 72 | |
| | | 八进制 | 8#0～8#177_777 | 8#170_362 | |
| | | 十六进制 | W#16#0～W#16#FFFF、16#0～16#FFFF | W#16#F1C0、16#A67B | |
| DWord | 32 | 二进制 | 2#0～2#1111_1111_1111_1111_1111_1111_1111_1111 | 2#1101_0100_1111_1110_1000_1100 | MD10<br>DB1.DBD8<br>Tag_name |
| | | 无符号整数* | 0～4_294_967_295 | 15_793_935 | |

续表

| 数据类型 | 位大小 | 数值类型 | 数值范围 | 常数示例 | 地址示例 |
|---|---|---|---|---|---|
| DWord | 32 | 有符号整数* | −2_147_483_648～2_147_483_647 | −400000 | MD10<br>DB1. DBD8<br>Tag_name |
| | | 八进制 | 8#0～8#37_777_777_777 | 8#74_177_417 | |
| | | 十六进制 | DW#16#0000_0000～DW#16#FFFF_FFFF、16#0000_0000～16#FFFF_FFFF | DW#16#20_F30A、16#B_01F6 | |

**(2) 基本数据类型**

① 布尔量 Bool：占用 1 个位，数据大小 0～1。

② 短整型 SINT：占用 8 个位，数据大小－128～127。8 个位中 0 位到 6 位的 7 个低位信号状态表示数值，最高位 7 的信号状态表示符号。符号可以是“0”（正信号状态）或“1”（负信号状态）。

③ 无符号短整型 USINT：占用 8 个位，数据大小 0～255。8 个位没有符号，全部表示数值。

④ 整型 INT：占用 16 个位，数据大小－32768～32767，16 个位中 0 位到 14 位的 15 个低位信号状态表示数值。最高位 15 的信号状态表示符号。符号可以是“0”（正信号状态），或“1”（负信号状态）。

⑤ 无符号整型 UINT：占用 16 个位，数据大小 0～65535。16 个位中没有符号，全部表示数值。

⑥ 长整型 DINT：占用 32 个位，数据大小－2147483647～2147483647。32 个位中 0 位到 30 位的 31 个低位信号状态表示数值，最高位 31 的信号状态表示符号。符号可以是“0”（正信号状态）或“1”（负信号状态）。

⑦ 无符号长整型 UDINT：占用 32 个位，数据大小 0～4294967295。32 个位中没有符号，全部表示数值。

⑧ 64 位整型 INT：占用 64 个位，数据大小－9223372036854775808～9223372036854775807。64 个位中 0 位到 62 位的 63 个低位信号状态表示数值，最高位 63 的信号状态表示符号。符号可以是“0”（正信号状态）或“1”（负信号状态）。

⑨ 无符号 64 位整型 ULINT：占用 64 个位，数据大小 0～18446744073709551615。64 个位中没有符号，全部表示数值。

⑩ 浮点数 REAL：又称为实数，占用 32 个位。其中 0 位到 30 位的 31 个低位信号状态表示数值，最高位 31 的信号状态表示符号。符号可以是“0”（正数）或“1”（负数）。负值范围为－3.4028235E＋38～－1.401298E－45，正值范围为 1.401298E－45～3.4028235E＋38。

⑪ 长浮点数 LRAL：又称为长实数，占用 64 个位，负值范围为－1.7976931348623158e＋308～－2.2250738585072014e－308，正值范围为 2.2250738585072014E－308～1.7976931348623158E＋308。

### 1.6.4 复杂数据类型

**(1) 时间和日期**

① 时间 TIME：占用 32 位，用于定时器时间设置，表示信息包括天（d）、小时（h）、分钟（m）、秒（s）和毫秒（ms）。数据表示范围：－24d 20h 31m 23s 648ms～24d 20h 31m 23s 647ms。

② 日期 DATE：占用 16 位，表示日期年、月、日，数据的表示形式为十六进制。

常数的表示范围：D＃1990-01-01～D＃2169-06-06。

③ 时间 TIME_OF_DAY：占用 32 位，表示小时、分钟、秒。数据表示范围：TOD＃00：00：00.000～TOD＃23：59：59.999。

④ DTL 详细时间 DATE_AND_TIME 占用 64 位，表示年-月-日-小时：分钟：秒：毫秒。数据表示范围：DT＃1990-01-01-00：00：00.000～DT＃2554-12-31-23：59：59.999。

**(2) 字符和字符串**

① 字符 Char：长度 8 位，占用一个字节。字符包括字母、数字、特殊字符、赋值运算符、关系运算符等。

② 宽字符 WChar：长度 16 位，占用一个字，如两个字母数字或特殊符号。

③ 字符串 String：字符串中存储多个字符，最多可包括 254 个字节。

④ 宽字符串 WString：宽字符串中存储多个字符，最多可包括 65534 个字。

字符和字符串数据类型详细信息见表 1-2。

表 1-2　字符和字符串数据类型介绍

| 数据类型 | 大小 | 范围 | 常量输入示例 |
| --- | --- | --- | --- |
| Char | 8 位 | 16#00～16#FF | 'A','t','@','ä','Σ' |
| WChar | 16 位 | 16#0000～16#FFFF | 'A','t','@','ä','Σ',亚洲字符、西里尔字符以及其他字符 |
| String | n+2 字节 | n=(0～254 字节) | "ABC" |
| WString | n+2 个字 | n=(0～65534 个字) | "ä123@XYZ.COM" |

**(3) 复合数据类型**

① 数组 ARRAY：多个相同的数据类型集合存放。数组分为一维数组和多维数组，数组在 SCL 语言里面特别重要，本书后面会详细讲解其用法。

② 结构体 STRUCT：可以将多个不同的数据类型统一打包存放。结构体与结构体可以嵌套存放，最多可以存放 8 层。

③ 枚举体 ENUM：表示多个整型常数的集合。枚举元素不是变量而是常数，比如周一到周日，就是一个枚举。

④ 自建数据类型 UDT：可以在 PLC 数据类型中创建一个需要的数据类型，在 DB 块中创建变量时，数据类型可以选择这个创建的 UDT。

⑤ 指针 POINTER：可以直接指向寄存器或者数据块的绝对地址。如 P#DB1.DBX2.0，P#M10.0。

# 第2章 SCL语言基础知识

在介绍完学习西门子 PLC 必须掌握的基础知识后，本章开始介绍 SCL 语言的基础知识，内容会从最基本的规则讲起，零基础的读者一定认真学习本章，打好基础。

# 2.1 SCL 语言简介

## 2.1.1 SCL 的概念

结构化控制语言（Structured Control Language，SCL）是用于 SIMATIC S7 CPU 的基于 PASCAL 的高级编程语言。由于 SCL 语言类似于 PASCAL 及 C 语言，因此如果有高级语言的基础，学习 SCL 编程很容易。

SCL 语言编程，可以完成梯形图程序难以实现的复杂计算，同时对于普通的逻辑控制和工艺控制也有简单直观的表达方法。SCL 语言可以在 OB 块、FB 块、FC 块中编写程序，还可以与 LAD、FBD 等编程语言混合编程。

SCL 语言具有以下特色。

① SCL 是西门子的结构文本语言。

② SCL 是一种基于西门子 PLC 的高级语言。

③ SCL 采用了一些高级描述语言方法，如用类 C 语言的方法描述系统中各种变量之间的关系，执行需要的运算。

④ 和 ST 语言通用，符合 IEC 61131-3 国际标准。

## 2.1.2 SCL 程序

**(1) SCL 程序的结构**

SCL 程序由指令、参数、表达式、语法和注释组成。指令是执行特定的指令功能，参数用来存储数据，表达式用来执行数据运算功能。SCL 程序结构如图 2-1 所示。

**(2) SCL 语言指令**

SCL 可以实现梯形图的所有功能，大多指令与梯形图相同，只是指令在编程时外形表达不同。如图 2-2 所示，左边的是编程工作区指令的实际用法，右边的是 SCL 指令列表。

**(3) SCL 语言参数**

SCL 语言的参数分为变量和常量，与梯形图的用法一

```
1  "IEC_Timer_0_DB".TON(IN:="电机M1",
2                       PT:=T#5S,
3                       Q=>"延时时间到");    //延时指令
4
5  IF "SB1启动按钮" AND NOT "M1热过载保护" AND NOT "M2热过载保护" THEN
6      "电机M1" := TRUE;
7      IF "延时时间到" THEN
8          "电机M2" := TRUE;
9      ELSE
10         "电机M2" := FALSE;
11     END_IF;
12 ELSE
13     "电机M1" := FALSE;
14 END_IF;                                 //IF语句
15
16
```

图 2-1 SCL 程序结构

```
"标准化比例值":=
NORM_X(MIN :=5530,
       VALUE := "输入模拟量值",
       MAX := 27648);

"实际温度" :=
SCALE_X(MIN := 0,
        VALUE := "标准化比例值",
        MAX := 120);
```

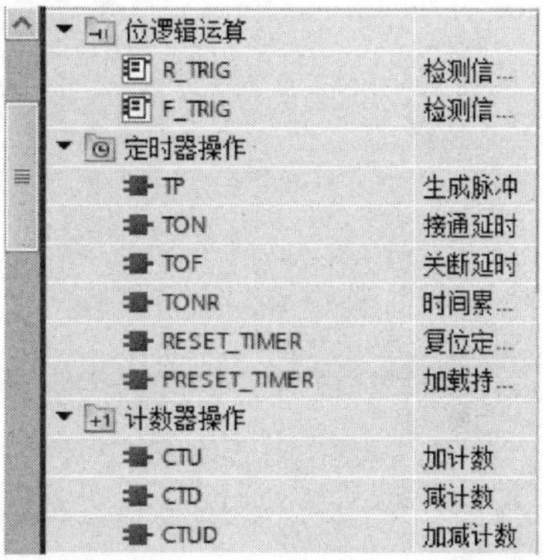

| | |
|---|---|
| ▼ 位逻辑运算 | |
| R_TRIG | 检测信... |
| F_TRIG | 检测信... |
| ▼ 定时器操作 | |
| TP | 生成脉冲 |
| TON | 接通延时 |
| TOF | 关断延时 |
| TONR | 时间累... |
| RESET_TIMER | 复位定... |
| PRESET_TIMER | 加载持... |
| ▼ 计数器操作 | |
| CTU | 加计数 |
| CTD | 减计数 |
| CTUD | 加减计数 |

图 2-2 SCL 指令与指令列表

样。任何一个指令和语法都必须配合相应的参数使用。

指令的基本数据类型有布尔型、字节型、无符号整数型、有符号整数型、无符号双字整数型、有符号双字整数型和实数型等。

**(4) SCL 表达式**

SCL 语言的表达式一般有三种：逻辑表达式、关系表达式、算术表达式。逻辑表达式表示两个或者两个以上变量之间的逻辑关系。关系表达式表示两个或者两个以上变量的大小比较之间的关系。算术表达式表示两个或者两个以上变量的数据运算关系。如图 2-3 所示。

**(5) SCL 语法**

SCL 语言的语法是指令中的一种，称为程序控制指令，在指令表中可以直接调用。SCL 语法示例如图 2-4 所示。

```
"电机1" := "启动按钮" AND NOT "停止按钮";//逻辑表达式

IF "A" > 50 THEN  "电机1" := TRUE; END_IF; //关系表达式

"X" := 10 + "A";  // 算术表达式
```

图 2-3　SCL 表达式

| ▼ 程序控制指令 | |
|---|---|
| IF ... THEN ... | 条件执行 |
| IF ... THEN ... ELSE ... | 条件分支 |
| IF ... THEN ... ELSIF ... | 条件多分支 |
| CASE ... OF ... | 多分支选择 |
| FOR ... TO ... DO ... | 在计数循环中执行 |
| FOR ... TO ... BY ... DO ... | 在按步宽计数循环... |
| WHILE ... DO ... | 满足条件时运行 |
| REPEAT ... UNTIL ... | 不满足条件时运行 |
| CONTINUE | 核对循环条件 |
| EXIT | 立即退出循环 |
| GOTO ... | 跳转 |
| RETURN | 退出块 |
| (* *) | 插入一个注释段 |
| REGION | 组织源代码 |

图 2-4　SCL 语法示例

**(6) SCL 注释**

SCL 注释是用于对程序含义的标注，单行注释用“//”，多行注释用“(＊＊)”。使用方法如图 2-5 所示。

```
"电机1" := "启动按钮" AND NOT "停止按钮";//逻辑表达式

IF "A" > 50 THEN  "电机1" := TRUE; END_IF; //关系表达式

"X" := 10 + "A";  // 算术表达式

(*
逻辑表达式：表示两个或者两个以上变量之间的逻辑关系。
关系表达式：表示两个或者两个以上变量的大小比较之间的关系。
算术表达式：表示两个或者两个以上变量的数据运算。   *)
```

图 2-5　SCL 注释使用方法举例

## 2.1.3　SCL 语言优势

SCL 语言具有很多优势，列举如下。

① 相对于梯形图，SCL 语言是类似于 C 语言的高级编程语言，优秀的 SCL 代码有更强的可读性。

② SCL 语言在处理数据运算、做数据算法时比梯形图方便，在梯形图里面很多算法需要大量的指令完成，如果用 SCL 做算法程序，可以更

简洁快速。

③ SCL 是面向对象的编程语言，我们可以将设备的某些功能做成标准的功能块，标准功能块在程序里面可以重复使用，所以 SCL 编程比 LAD（梯形图）和 FBD（功能块图）编程更有效率。

④ SCL 编程语言符合 IEC 61131-3 国际标准，使用方法与 ST 语言通用，可移植性强、通用性强。

⑤ SCL 编程是做复杂项目的“利器”，很多公司判断一个工程师的能力常常看其是否掌握 SCL 语言。

# 2.2 SCL 语言的使用规则

## 2.2.1 变量

不管是 PLC 编程还是单片机或者其他高级语言编程，好的编程习惯都是在编程前先创建变量。在 PLC 编程中梯形图可以先编程后修改变量，而 SCL 语言则需要先有变量再在编程时调用变量。创建变量的方法有变量表和 DB 数据块。

**(1) 变量表**

变量表是最常用和最常见的，PLC 的输入 I 和输出 Q 以及辅助继电器 M，都放在变量表中。如图 2-6 所示。

图 2-6　变量表

**(2) 全局数据块**

全局数据块由编程工程师手动建立，内部数据可以更改，变量数据可供所有的程序使用。如图 2-7 所示。

**(3) 背景数据块**

背景数据块是调用 FB 时生成的，用于存放 FB 内部运算数据，背景

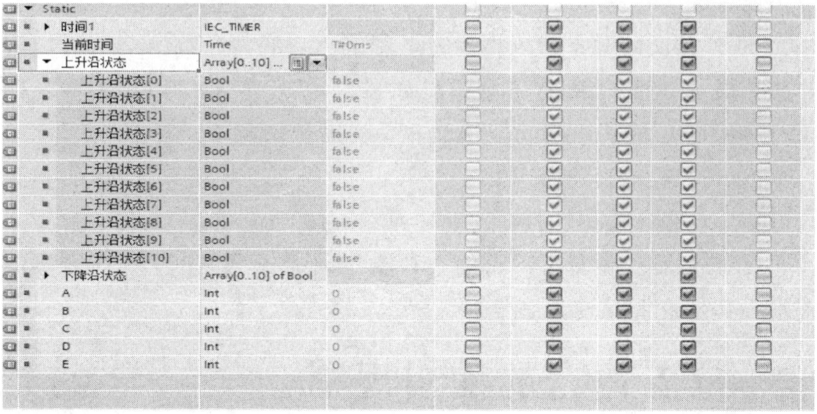

| | | | | | | | |
|---|---|---|---|---|---|---|---|
| Static | | | ☐ | ☐ | ☐ | ☐ | ☐ |
| 时间1 | IEC_TIMER | | ☐ | ☑ | ☑ | ☑ | ☐ |
| 当前时间 | Time | T#0ms | ☐ | ☑ | ☑ | ☑ | ☐ |
| 上升沿状态 | Array[0..10] ... | | ☐ | ☑ | ☑ | ☑ | ☐ |
| 上升沿状态[0] | Bool | false | ☐ | ☑ | ☑ | ☑ | ☐ |
| 上升沿状态[1] | Bool | false | ☐ | ☑ | ☑ | ☑ | ☐ |
| 上升沿状态[2] | Bool | false | ☐ | ☑ | ☑ | ☑ | ☐ |
| 上升沿状态[3] | Bool | false | ☐ | ☑ | ☑ | ☑ | ☐ |
| 上升沿状态[4] | Bool | false | ☐ | ☑ | ☑ | ☑ | ☐ |
| 上升沿状态[5] | Bool | false | ☐ | ☑ | ☑ | ☑ | ☐ |
| 上升沿状态[6] | Bool | false | ☐ | ☑ | ☑ | ☑ | ☐ |
| 上升沿状态[7] | Bool | false | ☐ | ☑ | ☑ | ☑ | ☐ |
| 上升沿状态[8] | Bool | false | ☐ | ☑ | ☑ | ☑ | ☐ |
| 上升沿状态[9] | Bool | false | ☐ | ☑ | ☑ | ☑ | ☐ |
| 上升沿状态[10] | Bool | false | ☐ | ☑ | ☑ | ☑ | ☐ |
| 下降沿状态 | Array[0..10] of Bool | | ☐ | ☑ | ☑ | ☑ | ☐ |
| A | Int | 0 | ☐ | ☑ | ☑ | ☑ | ☐ |
| B | Int | 0 | ☐ | ☑ | ☑ | ☑ | ☐ |
| C | Int | 0 | ☐ | ☑ | ☑ | ☑ | ☐ |
| D | Int | 0 | ☐ | ☑ | ☑ | ☑ | ☐ |
| E | Int | 0 | ☐ | ☑ | ☑ | ☑ | ☐ |

图 2-7　全局数据块

数据块的数据由 FB 块的程序结构决定，不可直接更改。如图 2-8 所示。

保持实际值　快照　将快照值复制到起始值中　将起始值加载为实际值

SERVO_MODBUS_DB_1

| | 名称 | 数据类型 | 起始值 | 保持 | 可从 HMI/... | 从 H... | 在 HMI ... | 设定值 |
|---|---|---|---|---|---|---|---|---|
| 1 | Input | | | ☐ | ☐ | ☐ | ☐ | ☐ |
| 2 | Output | | | ☐ | ☐ | ☐ | ☐ | ☐ |
| 3 | Pos_RD | Array[0..4] of DInt | | ☐ | ☑ | ☑ | ☑ | ☐ |
| 4 | InOut | | | ☐ | ☐ | ☐ | ☐ | ☐ |
| 5 | Static | | | ☐ | ☐ | ☐ | ☐ | ☐ |
| 6 | Load | "Status" | | ☐ | ☑ | ☑ | ☑ | ☐ |
| 7 | Master | "Status" | | ☐ | ☑ | ☑ | ☑ | ☐ |
| 8 | MB_Load | MB_COMM_LOAD | | ☐ | ☑ | ☑ | ☑ | ☐ |
| 9 | MB_MASTER | MB_MASTER | | ☐ | ☑ | ☑ | ☑ | ☐ |
| 10 | R_TRIG_0 | R_TRIG | | ☐ | ☑ | ☑ | ☑ | ☐ |
| 11 | R_TRIG_1 | R_TRIG | | ☐ | ☑ | ☑ | ☑ | ☐ |
| 12 | R_TRIG_2 | R_TRIG | | ☐ | ☑ | ☑ | ☑ | ☐ |
| 13 | MyTime | TON_TIME | | ☐ | ☑ | ☑ | ☑ | ☐ |
| 14 | IEC_Timer_0_Instance | TON_TIME | | ☐ | ☑ | ☑ | ☑ | ☐ |

图 2-8　背景数据块

**(4) 局部变量**

局部变量是相对于全局变量而言的，是程序块内部专用变量，只能在本程序内部使用，可用于程序块与外部连接的端口，也可用于内部数据的存储。局部变量表如图 2-9 所示。

## 2.2.2　赋值

**(1) 赋值语句用法 1**

① 赋值的表示方法：“：＝”（英文符号）。

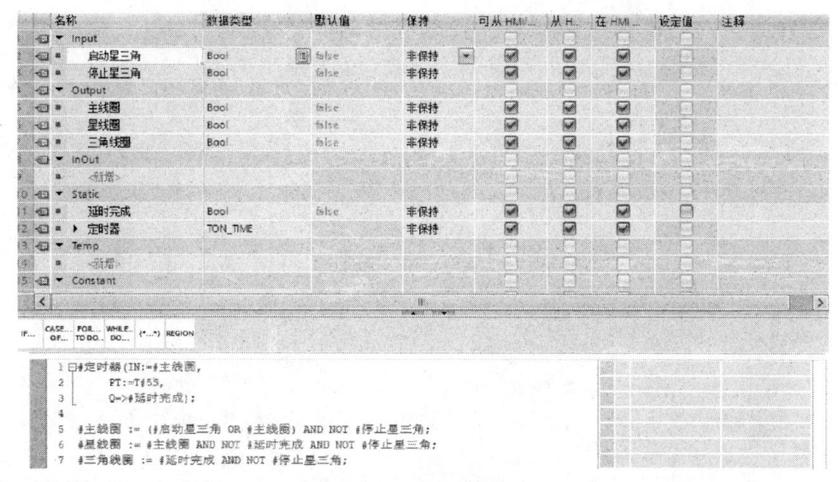

图 2-9　局部变量表

② 语句结束必须是一个分号“;”(英文符号)。

③ 赋值语句在 SCL 语言中非常常用，表示将后边的数据传送到前面的变量。用法如图 2-10 所示。

**(2) 赋值语句用法 2**

赋值语句可用来直接赋值，也可以加条件，当条件成立时进行赋值。图 2-10 中是直接赋值，常用于数据初始化。加条件赋值如图 2-11 所示。

```
"电机" := 1;
"指示灯绿" := FALSE;
"指示灯红" := "热过载保护";
"数据1" := 99;
```

图 2-10　赋值语句用法 1

```
IF NOT "DATA"."safety door choose" THEN
    "自动安全门开" := TRUE;
    "自动安全门关" := FALSE;
    IF "安全门退位" THEN
        "自动运行1" := 30;
    END_IF;
END_IF;
```

图 2-11　赋值语句用法 2

IF 语句我们后面会讲到，这是一种条件语句，当条件成立时开始赋值。

## 2.2.3　注释

**(1) SCL 语言行注释**

由于 SCL 语言属于 PLC 的高级语言，基础不好的编程员看 SCL 语言有一定压力，而且 SCL 语言不利于逻辑推理，所以大家在编程的时候要养成一个好习惯，对程序加注释，方便自己查阅，也方便别人维护。

行注释即在“//”后面写注释。SCL 行注释用法如图 2-12 所示。

**(2) SCL 段注释**

段注释以“（*”开始，“*）”结束，可跨多个行。段注释用法如图 2-13 所示。

```
1 "电机正转" := 1;  //电机正转输出接通
2 "电机反转" := true;     //电机反转输出接通
3 "自动运行步骤" := 100;   //自动运行步骤等于100
```

图 2-12　SCL 行注释

```
1 IF "热过载保护" THEN
2     "指示灯红" := TRUE;
3 ELSE
4     "指示灯红" := FALSE;
5 END_IF;
6 (*热过载报警时
7     红灯指示亮*)
```

图 2-13　SCL 段注释

## 2.2.4　点动控制实例

**(1) 项目要求**

某个设备电机需要点动控制，要求如下：按下点动按钮（即 SB 点动按钮）时，接触器 KM 线圈导通，KM 主触点闭合，电动机 M 通电启动运行；当手松开按钮 SB 时，接触器 KM 线圈断电，KM 主触点断开，电机 M 失电停机。

**(2) 点动控制电路图（图 2-14）**

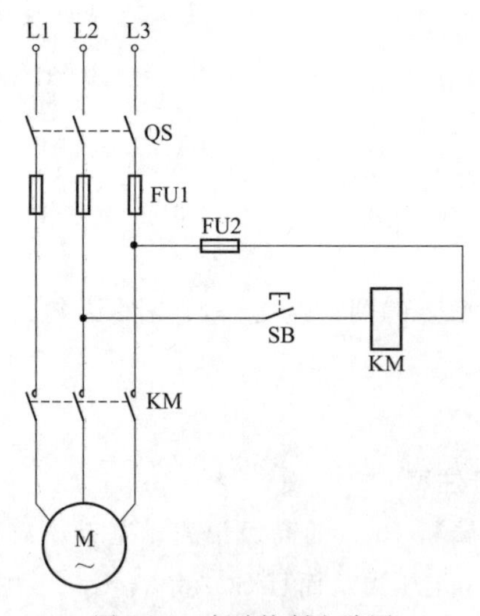


图 2-14　点动控制电路图

**(3) 创建变量表（图 2-15）**

默认变量表

| | 名称 | 数据类型 | 地址 | 保持 | 从 H... | 从 H... | 在 H... |
|---|---|---|---|---|---|---|---|
| 1 | 按钮 | Bool | %I0.0 | ☐ | ☑ | ☑ | ☑ |
| 2 | 线圈 | Bool | %Q0.0 | ☐ | ☑ | ☑ | ☑ |
| 3 | <新增> | | | ☐ | ☑ | ☑ | ☑ |

图 2-15　点动控制变量表

**(4) 编写 SCL 程序（图 2-16）**

```
"线圈" := "按钮";
//点动控制
```

图 2-16　点动控制 SCL 编程

# 2.3　SCL 运算符

## 2.3.1　SCL 运算符符号

**(1) SCL 语言的算术运算符**

常用的算术运算符及其具体用法如下所示：

① 加法运算　＋（如："A"：＝"B"＋1；）

② 减法运算　－（如："B"：＝"C"－1；）

③ 乘法运算　＊（如："C"：＝"D"＊1；）

④ 除法运算　/（如："D"：＝"E"/1；）

⑤ 乘方运算　＊＊（如："F"：＝10＊＊3；）

⑥ 取模运算 MOD（如："G"：＝"H"MOD"I"；）

上面的例子中，＋、－、＊、/等都属于算术运算符，用于表示两个或者以上的数据的数学运算；A、B、C、D 等字母表示变量的名称。

**(2) SCL 语言的关系运算符**

关系运算符主要包括＞（大于）、＜（小于）、＝（等于）、＞＝（大于或等于）、＜＝（小于或等于）、＜＞（不等于）。关系运算符通常用来表示 SCL 语句的条件。

比如：当 A＞B 时，C：＝100；这里的 A＞B 就是条件，C：＝100 就是结果。

当 Bool 量作为运行条件的时候，通常可以将关系符省略。比如图 2-17

中的“复位按钮”和“设备已经停止”其实都是关系运算符，表达的完整用法是：“复位按钮”＝TRUE　AND“设备已经停止”＝TRUE。

```
1 IF "复位按钮" AND "设备已经停止" THEN
2       "X轴位置1" := 100;
3 END_IF;
4  "设备已经启动" := "启动按钮";
5
```

图 2-17　关系运算符

这里先简单介绍一下，本节后面会详细讲解。

**(3) SCL 语言的逻辑运算符**

逻辑运算符常用于逻辑电路，用梯形图来理解就是触点之间的逻辑关系。比如串联、并联等。例如 NOT 表示非，用于常闭触点；AND 表示与，用于触点或者运算符的串联；OR 表示或，用于运算符的并联；XOR 表示异或。

## 2. 3. 2　运算符的优先级

**(1) 什么是优先级**

在 SCL 语言中，会用到很多复杂的数学运算表达式，在这些表达式里面通常会有多个运算符，表达式里面如果有两个或两个以上的运算符，就需要区分运算符在运算过程中的先后顺序，先后顺序的排列规则就是运算符的优先级。

**(2) 算术表达式和关系表达式中的优先级 (图 2-18)**

算术表达式是为了求某个算术值，幂是乘方的意思，比如 10＊＊2 就是 $10^2$，关系表达式就是比较两个数据之间的关系。

| 归属 | 运算符 | 优先级 |
| --- | --- | --- |
| 括号 | 括号 () | ↑ |
| 算术 | 幂 ** | |
| | 乘 除 取模　　* / MOD | |
| | 加　减　　+ - | |
| 关系 | 大于，小于，大于等于，小于等于 > < >= <=<br>等于，不等于　= <> | |

图 2-18　算术表达式与关系表达式中的优先级

**(3) 逻辑表达式中运算符的优先级（图 2-19）**

| 归属 | 运算符 | | 优先级 |
|---|---|---|---|
| 逻辑 | 非 | NOT | ↑ |
| | 与逻辑运算 | AND | |
| | 异或 | XOR | |
| | 或逻辑运算 | OR | |

图 2-19 逻辑表达式中运算符的优先级

**(4) 表达式中运算符的优先级（图 2-20）**

| 归属 | 运算符 | | 优先级 |
|---|---|---|---|
| 括号 | 括号 () | | ↑ |
| 算术 | 幂 ** | | |
| | 一元加，一元减 | + - | |
| | 乘 除 取模 | * / MOD | |
| | 加 减 | + - | |
| 关系 | 大于，小于，大于等于，小于等于 | > < >= <= | |
| | 等于，不等于 | = <> | |
| 逻辑 | 非 | NOT | |
| | 与逻辑运算 | AND | |
| | 异或 | XOR | |
| | 或逻辑运算 | OR | |
| 赋值 | 赋值 | := | |

图 2-20 表达式中运算符的优先级

注意：幂，比如 a＊＊N，计算结果的数据类型为浮点数。SCL 语言里面一元加、一元减用于表示正负数。

**(5) 运算符的优先级举例**

```
IF "A"**3>100+2*200
  THEN
    "A":=100;
END_IF;  //语句 1

IF "B">"C" AND "C">"D"
THEN
```

```
    "D":=100;
END_IF;  //语句 2
```

① 在第一个语句中，“"A" ** 3>100+2 * 200”是条件，是由运算符组成的表达式，运算的步骤可以按照上面的等级进行先后运算，第一步算“"A" ** 3”，第二步算“2 * 200”，第三步算“100+2 * 200”，第四步算比较符号。

② 在第二个语句中，“"B">"C" AND "C">"D"”是条件，也是由运算符组成的表达式，运算也可以按照上面的等级进行先后运算，第一步计算“"B">"C"和"C">"D"”，第二步计算 AND 逻辑运算符。

## 2.3.3 启保停控制实例 1

**(1) 项目要求**

某项目需要对电机进行控制，按下 SB2 启动按钮，KM 接触器接通，控制电机一直运行。按下 SB1 停止按钮，KM 接触器断开，电机停止。如果设备发热，电机立刻停机。

**(2) 启保停电路图（图 2-21）**

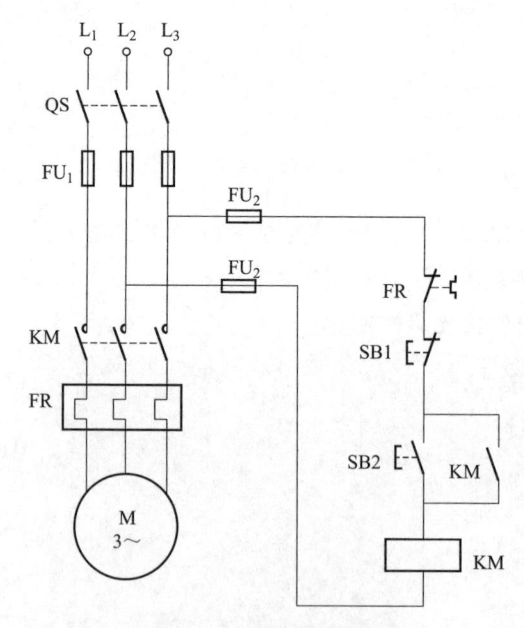


图 2-21　启保停电路图

**(3) 创建变量表（图 2-22）**

默认变量表

| 名称 | 数据类型 | 地址 | 保持 | 从 H... | 从 H... | 在 H... |
|---|---|---|---|---|---|---|
| SB1停止按钮 | Bool | %I0.0 | ☐ | ☑ | ☑ | ☑ |
| SB2启动按钮 | Bool | %I0.1 | ☐ | ☑ | ☑ | ☑ |
| 热继电器 | Bool | %I0.2 | ☐ | ☑ | ☑ | ☑ |
| 输出线圈 | Bool | %Q0.0 | ☐ | ☑ | ☑ | ☑ |
| <新增> | | | ☐ | ☑ | ☑ | ☑ |

图 2-22　启保停变量表

**(4) 启保停梯形图程序（图 2-23）**

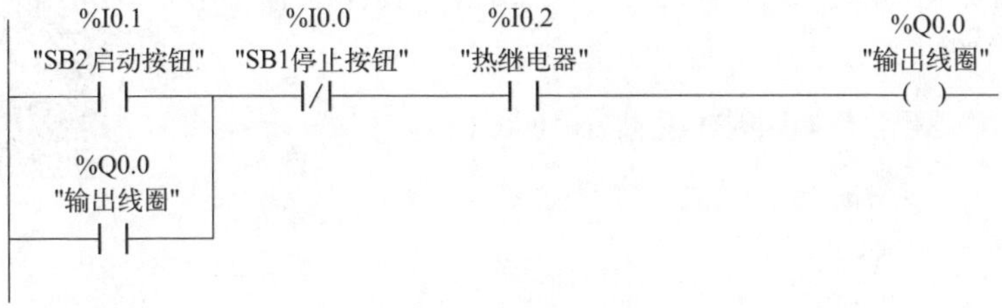

%I0.1 "SB2启动按钮"　%I0.0 "SB1停止按钮"　%I0.2 "热继电器"　%Q0.0 "输出线圈"

%Q0.0 "输出线圈"

图 2-23　启保停梯形图

**(5) 启保停 SCL 程序（图 2-24）**

```
"输出线圈" := ("SB2启动按钮" AND "输出线圈") AND NOT "SB1停止按钮" AND "热继电器";
//启保停SCL程序
```

图 2-24　启保停 SCL 程序

# 2.4　SCL 程序与梯形图对比

## 2.4.1　SCL 与梯形图组成对比

① 梯形图全部由指令配合变量参数组成，如图 2-25 所示。

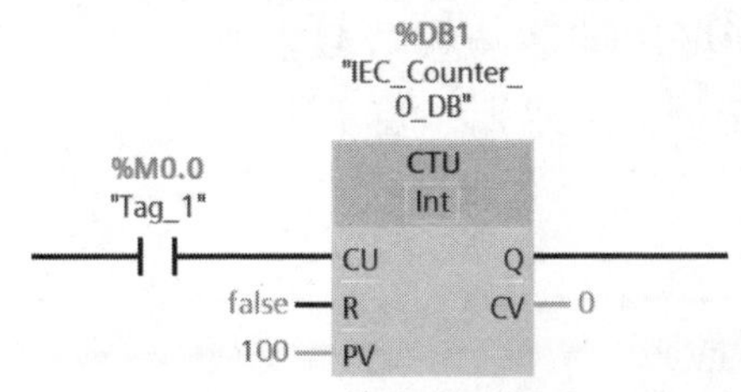


图 2-25　梯形图的结构

② SCL 程序由指令、变量和语法组成，如图 2-26 所示。

```
1  "IEC_Timer_0_DB".TON(IN:="按钮A",
2                       PT:=T#3S);
3
4  IF "A" = 100 THEN
5      "C" := 0;
6  END_IF;
7
8  "电机" := "按钮A" AND NOT "按钮B";
9
10 "A" := "B" + 1;
```

图 2-26　SCL 程序结构

指令的用法是梯形图知识里面必须学会的基础知识，在 SCL 语言里面只讲如何将指令转换成 SCL 语言，指令具体的含义不是重点。学习 SCL 的重点是语法和算法。

## 2.4.2　SCL 与梯形图赋值语句对比

① 梯形图的数据赋值，如图 2-27 所示。

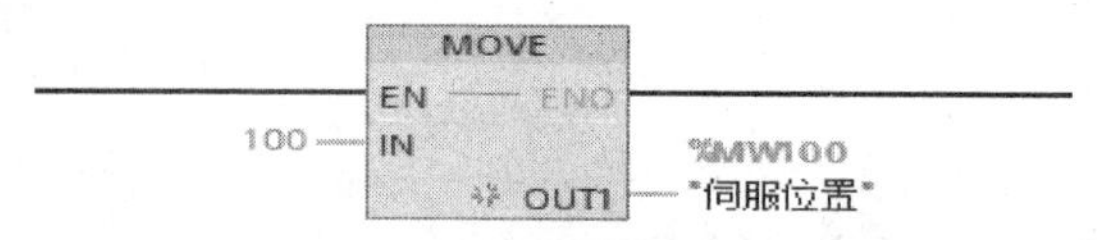


图 2-27　梯形图赋值指令

相同的数据赋值，用 SCL 语言来写就是："" 伺服位置 ":=100;"。

② 梯形图的线圈赋值，如图 2-28 所示。

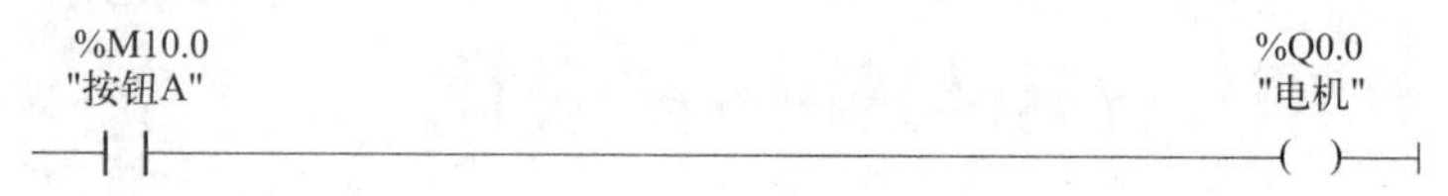


图 2-28　梯形图线圈赋值

相同线圈赋值，用 SCL 语言来写就是："" 电机 ":=" 按钮 A";"。

## 2.4.3　SCL 与梯形图加法运算对比

梯形图的加法运算，如图 2-29 所示。

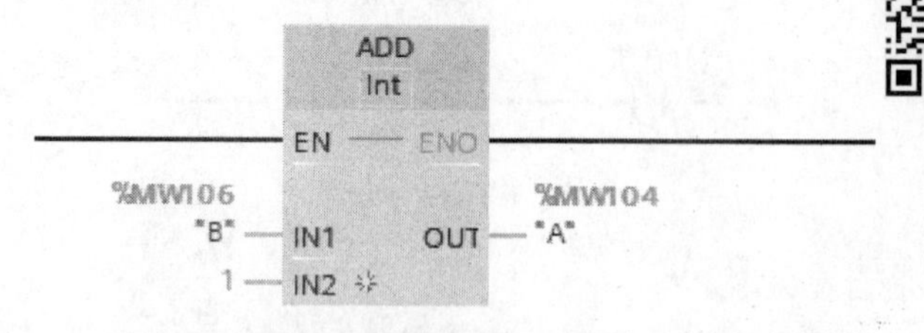


图 2-29　梯形图加法运算

相同的加法运算，用 SCL 语言来写就是：""A"：="B"+1;"。

### 2.4.4 SCL 与梯形图关系运算符对比

① 如图 2-30 所示为“当 A>B 时，C：=100;”的梯形图程序。

② 相同的关系运算符在 SCL 语言中的用法如图 2-31 所示。

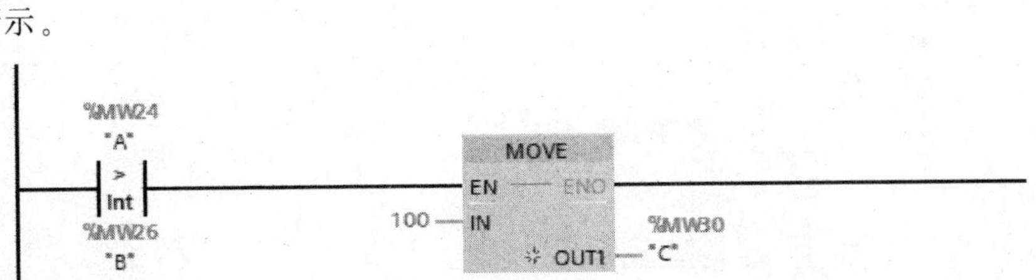


图 2-30 梯形图关系运算符（比较指令）

```
IF "A" > "B" THEN
    "C" := 100;
END_IF;
```

图 2-31 SCL 语言关系运算符（比较指令）

### 2.4.5 SCL 与梯形图逻辑运算符对比

NOT 非，常用来表示常闭触点，当触点不接通，状态为 0 时，非 0 就表示常闭点。AND 与，在逻辑运算符里面就相当于串联。以与电路为例，SCL 与梯形图的逻辑运算分别如图 2-32 和图 2-33 所示。

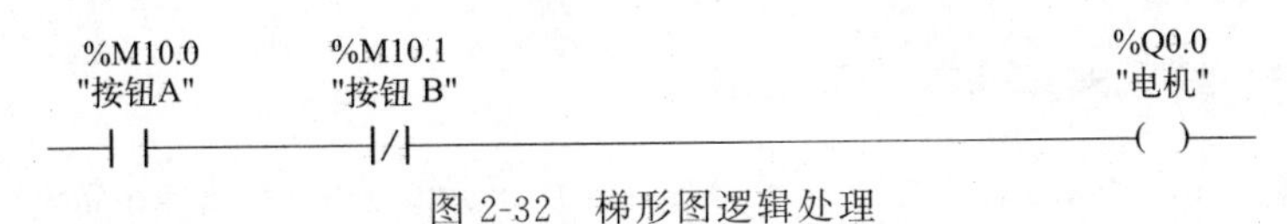


图 2-32 梯形图逻辑处理

```
"电机" := "按钮A" AND NOT "按钮B";
```

图 2-33 SCL 逻辑处理

从上面的例子可以看出，SCL 语言比梯形图要简洁很多，而且 SCL 语言写出来的程序非常容易理解。

### 2.4.6 传送带项目实例

#### (1) 项目要求

控制要求如下：在传送带的开始端有两个按钮，S1 用于启动电机点动运行，S2 用于急停。在传送带的末端也有两个按钮：S3 用于启动电机点动运行，S4 用于急停。从任何一端都可启动或阻止传送带运行。电机上有个热过载保护，用于过载保护。电机运行的时候绿色指示灯亮，过载保护的时候红色指示灯亮。电机不运行的时候，所有的灯都不亮。如图 2-34 所示是这个设备的工艺图。

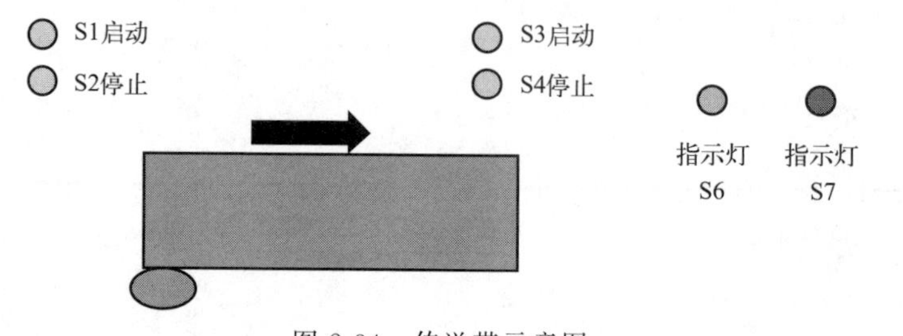


图 2-34 传送带示意图

**（2）创建变量表（图 2-35）**

| | | | | | | |
|---|---|---|---|---|---|---|
| 电机 | Bool | %Q0.0 | ☐ | ☑ | ☑ | ☑ |
| S1启动按钮 | Bool | %I0.0 | ☐ | ☑ | ☑ | ☑ |
| S2急停按钮 | Bool | %I0.1 | ☐ | ☑ | ☑ | ☑ |
| S3启动按钮 | Bool | %I0.2 | ☐ | ☑ | ☑ | ☑ |
| S4急停按钮 | Bool | %I0.3 | ☐ | ☑ | ☑ | ☑ |
| 热过载保护 | Bool | %I0.4 | ☐ | ☑ | ☑ | ☑ |
| 指示灯绿 | Bool | %Q0.1 | ☐ | ☑ | ☑ | ☑ |
| 指示灯红 | Bool | %Q0.2 | ☐ | ☑ | ☑ | ☑ |

图 2-35 传送带变量表

**（3）编写 SCL 程序（图 2-36）**

```
"电机" := ("S1启动按钮" OR "S3启动按钮" ) AND NOT "S2急停按钮"
AND NOT "S4急停按钮" AND NOT "热过载保护";                    //电机原址控制
"指示灯绿" := "电机";                                        //运行绿灯指示
"指示灯红" := "热过载保护";                                  //报警红灯指示
```

图 2-36 传送带 SCL 程序

# 第3章 SCL语言基本指令

# 3.1 位逻辑指令

## 3.1.1 上升沿指令

① 上升沿指令，扫描操作数信号的上升沿信号。上升沿指令用法如图 3-1 所示。

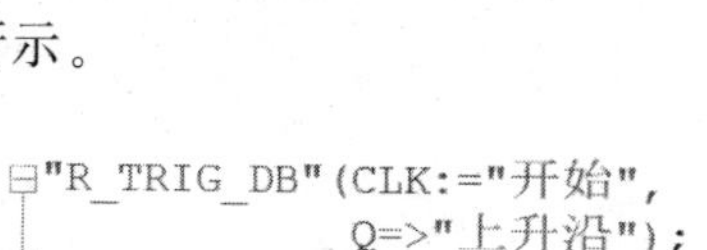


图 3-1 上升沿指令用法

② 上升沿指令说明：图 3-1 中的“检测信号上升沿”指令，可以检测输入“开始”变量信号从“0”到“1”的状态变化。如果该指令检测到输入“开始”变量的状态从“0”变成了“1”，就会在输出 Q 中生成一个上升沿信号，输出“上升沿”的值将在一个循环周期内为“TRUE”或“1”。在其他任何情况下，该指令输出的信号状态均为“0”。每次使用“上升沿”指令会自动生成一个指令的背景 DB 块。如果在 FB 块中只用“上升沿”指令，也可以用 Static 变量多次调用，如图 3-2 所示。

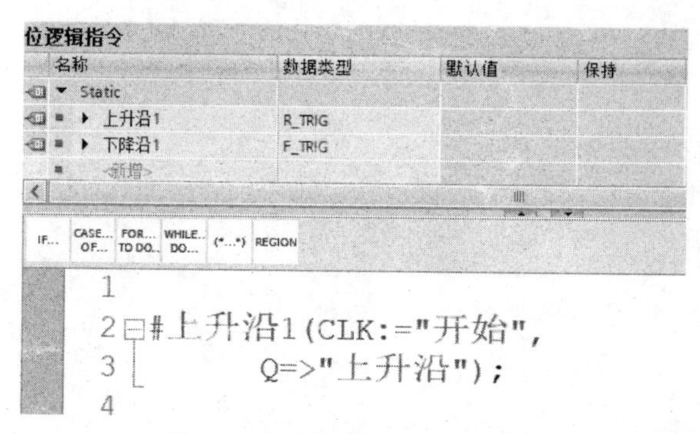


图 3-2 Static 变量上升沿指令

## 3.1.2 下降沿指令

① 下降沿指令，扫描操作数信号的下降沿信号。下降沿指令用法如图 3-3 所示。

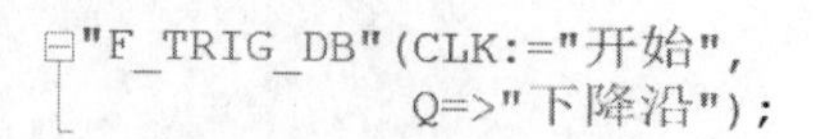


图 3-3 下降沿指令用法

② 下降沿指令说明：图 3-3 中的“检测信号下降沿”指令，可以检测输入“开始”变量信号从“1”到“0”的状态变化。如果该指令检测到输入“开始”变量的状态从“1”变成了“0”，就会在输出 Q 中生成一个下降沿信号，输出“下降沿”的值将在一个循环周期内为“TRUE”或“1”。在其他任何情况下，该指令输出的信号状态均为“0”。每次使用“下降沿”指令会自动生成一个指令的背景 DB 块。如果在 FB 块中只用“下降沿”指令，也可以用 Static 变量多次调用，如图 3-4 所示。

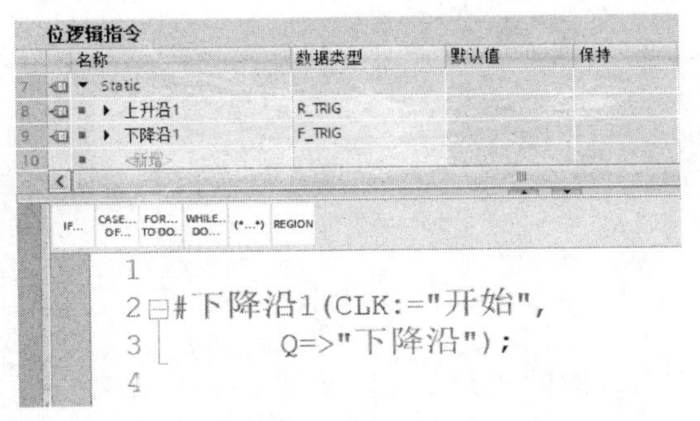


图 3-4　Static 变量下降沿指令

### 3.1.3　上升沿指令使用举例

上升沿指令是在 PLC 编程里面使用频率非常高的指令，下面举例说明上升沿在梯形图和 SCL 中的用法。

**(1) 上升沿在梯形图中用法**

梯形图中的上升沿用法 1，如图 3-5 所示。

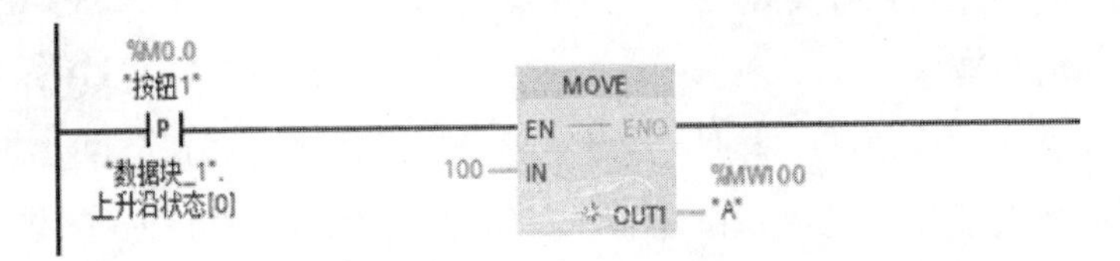


图 3-5　上升沿梯形图 1

梯形图中的上升沿用法 2，如图 3-6 所示。

梯形图中的上升沿用法 3，如图 3-7 所示。

**(2) 上升沿在 SCL 中的用法**

SCL 语言中上升沿的用法 1：输出 Q 的参数填写一个“计数开始”变量，再到程序需要的地方调用“计数开始”变量，如图 3-8 所示。

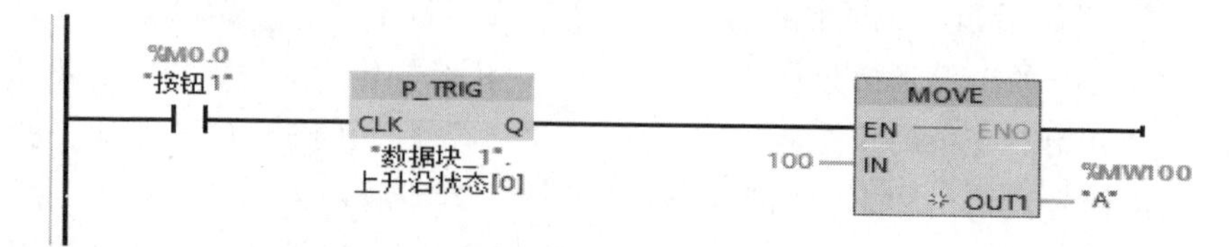


图 3-6 上升沿梯形图 2

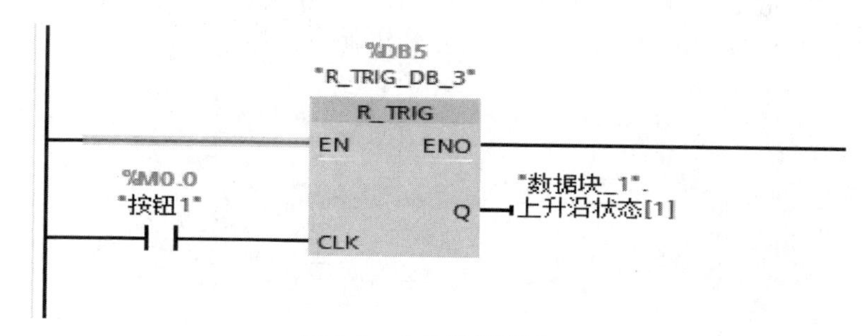


图 3-7 上升沿梯形图 3

SCL 语言中上升沿的用法 2：输出 Q 的参数不需要填写参数，在程序需要的地方直接使用上升沿的 Q，如图 3-9 所示。

```
"R_TRIG_DB_1"(CLK:="按钮1",
              Q=>"计数开始");
IF "计数开始" THEN
    "A" := 100;
END_IF;
```

图 3-8 SCL 上升沿用法 1

```
"R_TRIG_DB_1"(CLK := "按钮1");
IF "R_TRIG_DB_1".Q THEN
    "A" := 100;
END_IF;
```

图 3-9 SCL 上升沿用法 2

### 3.1.4 启保停控制实例 2

**(1) 项目要求**

当按下启动按钮的一瞬间（上升沿），电机就接通并保持输出；当按下停止按钮并松开的一瞬间（下降沿），电机断开。

**(2) 创建变量表（图 3-10）**

| | | | | | | |
|---|---|---|---|---|---|---|
| 启动SB1 | Bool | %I0.0 | ☐ | ☑ | ☑ | ☑ |
| 停止SB2 | Bool | %I0.1 | ☐ | ☑ | ☑ | ☑ |
| 线圈输出 | Bool | %Q0.0 | ☐ | ☑ | ☑ | ☑ |
| 启动上升沿 | Bool | %M10.0 | ☐ | ☑ | ☑ | ☑ |
| 停止下降沿 | Bool | %M10.1 | ☐ | ☑ | ☑ | ☑ |

图 3-10 启保停变量表

**(3) 编写 SCL 程序（图 3-11）**

```
"R_TRIG_DB"(CLK:="启动SB1",
            Q=>"启动上升沿");//启动按钮上升沿

"F_TRIG_DB"(CLK:="停止SB2",
            Q=>"停止下降沿");//停止按钮下降沿

"线圈输出" := ("启动上升沿" OR "线圈输出") AND NOT "停止下降沿";
//启保停逻辑控制
```

图 3-11　启保停 SCL 程序

# 3.2　定时器指令

SCL 语言的定时器指令块在使用时都会生成背景块，可以是普通的背景 DB 块，也可以是多重背景 DB 块。使用方法参考 1.4 节。

## 3.2.1　TP 生成脉冲指令

**(1) TP“生成脉冲”指令用法说明**

使用 TP“生成脉冲”指令，可以将参数 Q 置位为预设的一段时间。当参数 IN 的逻辑运算结果（RLO）从“0”变为“1”（信号上升沿）时，启动该指令。指令启动时，预设的时间 PT 即开始计时。随后无论输入信号如何改变，都会将参数 Q 设置为时间 PT。如果持续时间 PT 仍在计时，即使检测到新的上升沿，参数 Q 的信号状态也不会受到影响。

可以在参数 ET 中查询当前时间值。该定时器值从 T＃0s 开始，在达到持续时间 PT 后结束。达到持续时间 PT 时，且参数 IN 的信号状态为“0”，则复位参数 ET。

**(2) TP“生成脉冲”指令参数**

TP 生成脉冲有四个参数，参数详情如表 3-1 所示。

**表 3-1　TP 生成脉冲参数详情**

| 参数 | 声明 | 数据类型 | | 存储区 | | 说明 |
|---|---|---|---|---|---|---|
| | | S7-1200 | S7-1500 | S7-1200 | S7-1500 | |
| IN | Input | BOOL | BOOL | I、Q、M、D、L 或常量 | I、Q、M、D、L、P 或常量 | 启动输入 |
| PT | Input | TIME | TIME、LTIME | I、Q、M、D、L 或常量 | I、Q、M、D、L、P 或常量 | 脉冲的持续时间<br>PT 参数的值必须为正数 |
| Q | Output | BOOL | BOOL | I、Q、M、D、L | I、Q、M、D、L、P | 脉冲输出 |

续表

| 参数 | 声明 | 数据类型 | | 存储区 | | 说明 |
|---|---|---|---|---|---|---|
| | | S7-1200 | S7-1500 | S7-1200 | S7-1500 | |
| ET | Output | TIME | TIME、LTIME | I、Q、M、D、L | I、Q、M、D、L、P | 当前时间值 |

**(3) TP 定时器指令用法（图 3-12）**

在图 3-12 中的 TP 定时器指令中，当输入 IN 参数“开始”信号状态从“0”变为“1”时，输出 Q 的参数“脉冲输出”变量接通为“1”，同时 ET 参数“脉冲实时”开始计时，当 ET 的时间达到 PT 设置参数 5s 时，输出 Q 的参数“脉冲输出”变量断开为“0”。“脉冲输出”接通时间值存储在 ET 参数“脉冲实时”变量中。

```
"IEC_Timer_0_DB_1".TP(IN:="开始",
                      PT:=T#5s,
                      Q=>"脉冲输出",
                      ET=>"脉冲实时");
```

图 3-12 TP 定时器 SCL 程序

图 3-12 中“IEC_Timer_0_DB_1”是指令的背景数据块，TP 定时器指令所有数据存放其中。如果需要 TP 定时器指令也可以使用多重背景数据块。

**(4) TP 定时器时序图**

如图 3-13 所示，TP 定时器运行期间，更改 PT 设定值，输出 Q 没有任何影响。TP 定时器运行期间，更改 IN 输入信号，输出 Q 没有任何影响。

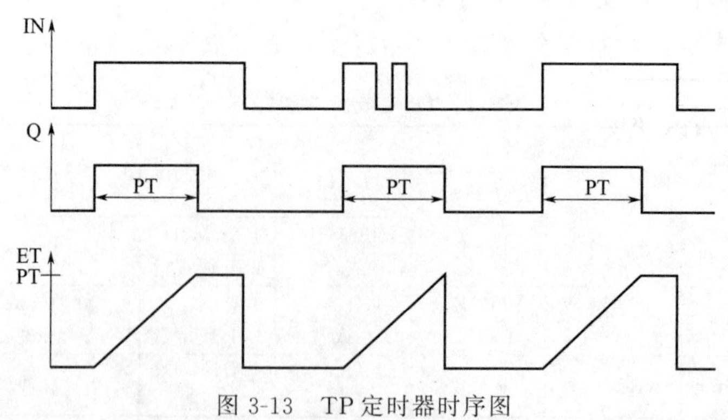


图 3-13 TP 定时器时序图

### 3.2.2　TON 接通延时定时器

**(1) TON“接通延时”定时器用法说明**

使用 TON“接通延时”指令将 Q 参数的设置延时 PT 指定的一段时间。当参数 IN 的逻辑运算结果（RLO）从“0”变为“1”（信号上升沿）时，启动该指令。指令启动时，预设的时间 PT 即开始计时。超过持续时间 PT 时，参数 Q 的信号状态变为“1”。只要启动输入仍为“1”，参数 Q 就保持置位。如果 IN 参数的信号状态从“1”变为“0”，则复位参数 Q。当在参数 IN 上检测到一个新的信号上升沿时，将重新启动定时器功能。

可通过 ET 参数查询当前的时间值。该时间值从 T#0s 开始，在达到持续时间 PT 后结束。只要参数 IN 的信号状态变为“0”，就立即复位 ET 参数。

**(2) TON“接通延时”定时器参数**

TON 接通延时定时器有四个参数，参数详情如表 3-2 所示。

表 3-2　TON 接通延时定时器参数详情

| 参数 | 声明 | 数据类型 | | 存储区 | | 说明 |
|---|---|---|---|---|---|---|
| | | S7-1200 | S7-1500 | S7-1200 | S7-1500 | |
| IN | Input | BOOL | BOOL | I、Q、M、D、L 或常量 | I、Q、M、D、L、P 或常量 | 启动输入 |
| PT | Input | TIME | TIME、LTIME | I、Q、M、D、L 或常量 | I、Q、M、D、L、P 或常量 | 接通延时的持续时间 PT 参数的值必须为正数 |
| Q | Output | BOOL | BOOL | I、Q、M、D、L | I、Q、M、D、L、P | 超过时间 PT 后，置位的输出 |
| ET | Output | TIME | TIME、LTIME | I、Q、M、D、L | I、Q、M、D、L、P | 当前时间值 |

**(3) TON“接通延时”定时器指令用法（图 3-14）**

图 3-14 的 TON 定时器指令中，当“开始”变量的信号状态从“0”变为“1”时，ET 参数“延时时间”开始计时，当 ET 的时间为 PT 的设

```
"IEC_Timer_0_DB_2".TON(IN:="开始",
                       PT:=T#8s,
                       Q=>"延时输出",
                       ET=>"延时时间");
```

图 3-14　TON 定时器 SCL 程序

置时间 8s 时，Q 输出参数延时输出接通。

图 3-14 中的“IEC_Timer_0_DB_2”是指令的背景数据块，TON 定时器指令所有数据存放其中。如果需要 TON 定时器指令也可以使用多重背景数据块。

**(4) TON 定时器时序图（图 3-15）**

如图 3-15 所示，TON 定时器运行期间，更改 PT 设定值，输出 Q 没有任何影响。TON 定时器运行期间，断开 IN 输入信号，输出 Q 断开复位，停止定时器。

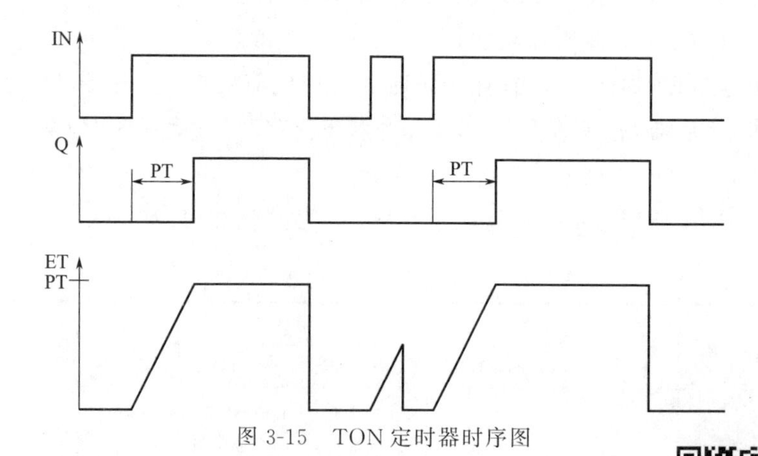


图 3-15　TON 定时器时序图

## 3.2.3　TOF 关断延时定时器

**(1) TOF“关断延时”定时器用法说明**

使用“关断延时”指令将 Q 参数的复位延时 PT 指定的一段时间。当参数 IN 的逻辑运算结果（RLO）从“0”变为“1”（信号上升沿）时，置位参数 Q。当参数 IN 的信号状态更改回“0”时，预设的时间 PT 开始计时。只要时间 PT 正在计时，参数 Q 就保持置位状态。超过时间 PT 时，将复位参数 Q。如果参数 IN 的信号状态在超出时间值 PT 之前变为“1”，则将复位定时器。参数 Q 的信号状态保持置位为“1”。

可通过 ET 参数查询当前的时间值。该定时器值从 T#0s 开始，在达到持续时间 PT 后结束。在持续时间 PT 过后，在参数 IN 重新变为“1”之前，参数 ET 会一直保持为当前值。如果参数 IN 在时间 PT 用完之前变为“1”，则参数 ET 将复位为值 T#0s。

**(2) TOF“关断延时”定时器参数**

TOF 关断延时有四个参数，参数详情如表 3-3 所示。

表 3-3　TOF 生成脉冲参数详情

| 参数 | 声明 | 数据类型 | | 存储区 | | 说明 |
|---|---|---|---|---|---|---|
| | | S7-1200 | S7-1500 | S7-1200 | S7-1500 | |
| IN | Input | BOOL | BOOL | I、Q、M、D、L 或常量 | I、Q、M、D、L、P 或常量 | 启动输入 |
| PT | Input | TIME | TIME、LTIME | I、Q、M、D、L 或常量 | I、Q、M、D、L、P 或常量 | 关断延时的持续时间 PT 参数的值必须为正数 |
| Q | Output | BOOL | BOOL | I、Q、M、D、L | I、Q、M、D、L、P | 超出时间 PT 时复位的输出 |
| ET | Output | TIME | TIME、LTIME | I、Q、M、D、L | I、Q、M、D、L、P | 当前时间值 |

**(3) TOF“关断延时”定时器指令用法**

图 3-16 中的 TOF 定时器指令中，当输入 IN 参数“开始”变量的信号状态接通时，输出 Q 的参数“关断延时”接通。当输入 IN 参数“开始”变量的信号状态断开时，ET 参数“延时时间”开始计时，当 ET 的时间为 PT 的设置时间 10s 时，Q 输出参数“延时输出”断开。

```
"IEC_Timer_0_DB_3".TOF(IN:="开始",
                       PT:=T#10s,
                       Q=>"关断延时",
                       ET=>"实时");
```

图 3-16　TOF 定时器 SCL 程序

图 3-16 案例中“IEC_Timer_0_DB_3”是指令的背景数据块，TOF 定时器指令所有数据存放其中。如果需要 TOF 定时器指令也可以使用多重背景数据块。

**(4) TOF 定时器时序图**

如图 3-17 所示，TOF 定时器运行期间，更改 P 设定值，输出 Q 没有任何影响。TOF 定时器运行期间，断开 IN 输入信号，输出 Q 断开复位，停止定时器。

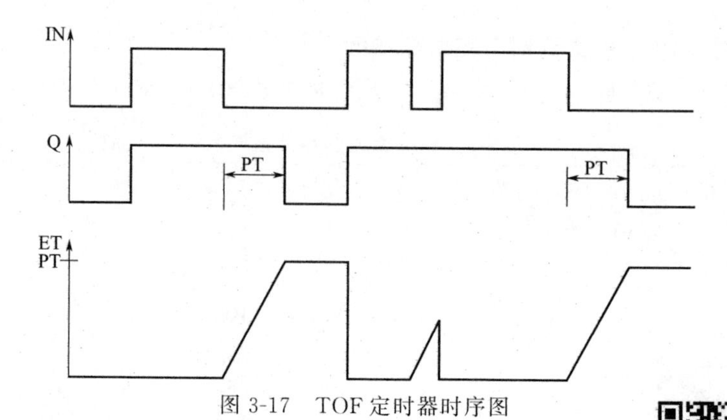


图 3-17　TOF 定时器时序图

## 3.2.4　振荡电路实例

**（1）项目要求**

某个项目要求用两个指示灯做振荡电路，控制要求如下：当按下启动按钮 I0.0 时，Q0.0 亮同时 Q0.1 灭，1s 后 Q0.0 灭同时 Q0.1 亮，再过 2s 后 Q0.1 灭同时 Q0.0 亮。以此循环交替闪烁，直到按下停止按钮 I0.1，Q0.0 和 Q0.1 全灭。

**（2）创建变量表（图 3-18）**

默认变量表

| 名称 | 数据类型 | 地址 | 保持 | 从 H... | 从 H... | 在 H... |
|---|---|---|---|---|---|---|
| 启动按钮 | Bool | %I0.0 | ☐ | ☑ | ☑ | ☑ |
| 停止按钮 | Bool | %I0.1 | ☐ | ☑ | ☑ | ☑ |
| 灯1 | Bool | %Q0.0 | ☐ | ☑ | ☑ | ☑ |
| 灯2 | Bool | %Q0.1 | ☐ | ☑ | ☑ | ☑ |
| 设备启动 | Bool | %M10.0 | ☐ | ☑ | ☑ | ☑ |

图 3-18　振荡电路变量表

**（3）编写 SCL 程序（图 3-19）**

```
"设备启动" := ("启动按钮" OR "设备启动") AND NOT "停止按钮"; //启动停止控制

"灯1" := "设备启动" AND NOT "定时器1".Q;                    //灯1控制

"定时器1".TON(IN:="设备启动" AND NOT "定时器2".Q,            //灯1亮的时间
             PT:=T#1s);

"灯2" := "设备启动" AND "定时器1".Q;                         //灯2控制

"定时器2".TON(IN:="设备启动" AND "定时器1".Q,                //灯2亮的时间
             PT:=T#2s);
```

图 3-19　振荡电路 SCL 程序

## 3.2.5 TONR时间累加器

### (1) TONR“时间累加器”用法

使用“时间累加器”指令来累加由参数PT设定的时间段内的时间值。参数IN的信号状态变为“1”时，执行该指令并且从PT设置的时间开始计时。时间PT计时过程中，如果IN参数信号状态为“1”，则记录的时间值将进行累加。累加后的时间将在参数ET中输出以供查询。达到时间PT时，参数Q的信号状态变为“1”。即使IN参数的信号状态变为“0”，Q参数仍将保持置位为“1”。

不论参数IN的信号状态如何，参数R都可以复位参数ET和Q。每次调用“时间累加器”指令，必须为其分配一个用于存储指令数据的IEC定时器。

### (2) TONR“时间累加器”指令参数

TONR时间累加器有四个参数，参数详情如表3-4所示。

表3-4 TONR定时器生成脉冲参数详情

| 参数 | 声明 | 数据类型 | | 存储区 | | 说明 |
|---|---|---|---|---|---|---|
| | | S7-1200 | S7-1500 | S7-1200 | S7-1500 | |
| IN | Input | BOOL | BOOL | I、Q、M、D、L或常量 | I、Q、M、D、L、P或常量 | 启动输入 |
| R | Input | BOOL | BOOL | I、Q、M、D、L或常量 | I、Q、M、D、L、P或常量 | 复位输入 |
| PT | Input | TIME | TIME、LTIME | I、Q、M、D、L或常量 | I、Q、M、D、L、P或常量 | 时间记录的最长持续时间PT参数的值必须为正数 |
| Q | Output | BOOL | BOOL | I、Q、M、D、L | I、Q、M、D、L、P | 超出时间值PT之后要置位的输出 |
| ET | Output | TIME | TIME、LTIME | I、Q、M、D、L | I、Q、M、D、L、P | 累计的时间 |

### (3) TONR“时间累加器”定时器指令用法

图3-20中的TONR定时器指令中，每次当输入IN参数“开始”变量的信号状态接通时，ET参数“延时时间”开始累计计时。当输入IN参数“开始”变量的信号状态断开时，ET参数“延时时间”停止计时，当ET参数的累加时间为PT的设置时间12s时，Q输出参数“累计输出”

置位 ON。等到 R 参数“复位”信号接通，ET 参数“延时时间”数据清零，Q 输出参数“累计输出”复位 OFF。

```
"IEC_Timer_0_DB_4".TONR(IN:="开始",
                        R:="复位",
                        PT:=T#12s,
                        Q=>"累计输出",
                        ET=>"累计时间");
```

图 3-20　TONR 定时器 SCL 程序

图 3-20 案例中“IEC_Timer_0_DB_4”是指令的背景数据块，TONR 定时器指令所有数据存放其中。如果需要，TONR 定时器指令也可以使用多重背景数据块。

**(4) TONR 指令时序图**

如图 3-21 所示，TONR 定时器运行期间，更改 PT 设定值，定时器没有任何影响。TONR 定时器运行期间，断开 IN 输入信号，定时器计时会暂停，下次接通 IN 输入信号，定时器继续累加时间。R 每次接通，定时器复位，数据全部归零。

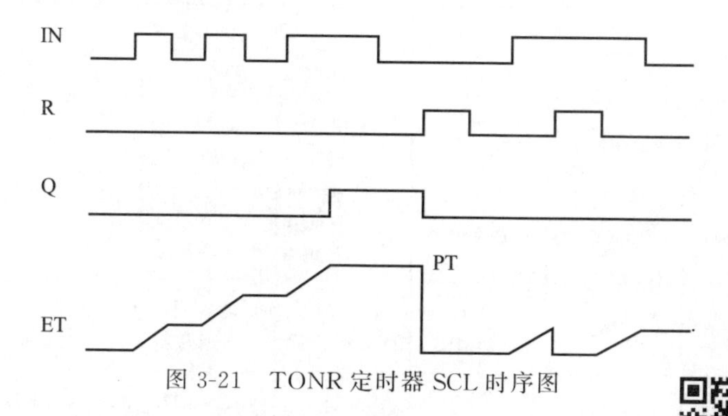


图 3-21　TONR 定时器 SCL 时序图

## 3.2.6　RESET_TIMER 复位定时器

**(1) RESET_TIMER“复位定时器”使用说明**

使用“复位定时器”指令，可将 IEC 定时器复位为“0”。将指定数据块中定时器的结构组件复位为“0”。

该指令不会影响 RLO。在 TIMER 参数中，将“复位定时器”指令分配给程序中所声明的 IEC 定时器。该指令必须在 IF 指令中编程。只有在调用指令时才更新指令数据，而不是每次都访问分配的 IEC 定时器。只有在指令的当前调用到下一次调用期间，数据查询的结果才相同。

**（2）RESET_TIMER“复位定时器”指令用法**

如图 3-22 所示，TON 接通延时定时器正常工作，当 IF 语句的“复位”变量接通，TON 指令停止并且复位背景数据块“IEC_Timer_0_DB_2”里面的数据。

```
"IEC_Timer_0_DB_2".TON(IN:="开始",
                       PT:=T#18s,
                       Q=>"延时输出",
                       ET=>"延时时间");
//接通延时定时器
IF "复位" THEN
    RESET_TIMER("IEC_Timer_0_DB_2");
END_IF;
//定时器复位
```

图 3-22　RESET_TIMER 定时器 SCL 程序

## 3.2.7　PRESET_TIMER 加载持续时间

**（1）PRESET_TIMER“加载持续时间”使用说明**

可以使用“加载持续时间”指令为 IEC 定时器设置时间。如果该指令输入逻辑运算结果（RLO）的信号状态为“1”，则每个周期都执行该指令。该指令将指定时间写入指定 IEC 定时器的结构中。

**（2）PRESET_TIMER“加载持续时间”指令用法以及监视**

图 3-23 中的 TON 延时定时器指令 PT 参数“设置时间”是 50s，普通的指令执行是 TON 指令接通 50s 后，输出 Q 参数“延时输出”接通。如果使用 PRESET_TIMER 指令，当 IF 语句里面的“预设”条件接通，PRESET_TIMER 指令的 PT 参数 20s 就会预设到 TON 定时器背景数据块的 PT 值，当 TON 指令里面的 ET 参数“延时时间”达到 20s，TON

```
"IEC_Timer_0_DB_2".TON(IN:="开始",
                       PT:="设置时间",
                       Q=>"延时输出",
                       ET=>"延时时间");
//接通延时定时器

IF "预设" THEN

    PRESET_TIMER(PT := T#20s,
                 TIMER := "IEC_Timer_0_DB_2");

END_IF;
```

| | |
|---|---|
| "开始" | TRUE |
| "设置时间" | T#50s |
| "延时输出" | TRUE |
| "延时时间" | T#20s |
| | |
| | |
| 结果 | TRUE |
| "预设" | TRUE |

图 3-23　PRESET_TIMER 定时器 SCL 程序

指令的输出 Q 参数“延时输出”接通。

## 3.2.8 接通延时实例

### (1) 项目要求

按下 SB1 按钮，M1 启动，5s 后 M2 启动，按下 SB2 按钮，两个电机同时停止。两个电机都有热保护输入到 PLC，电路图如图 3-24 所示。

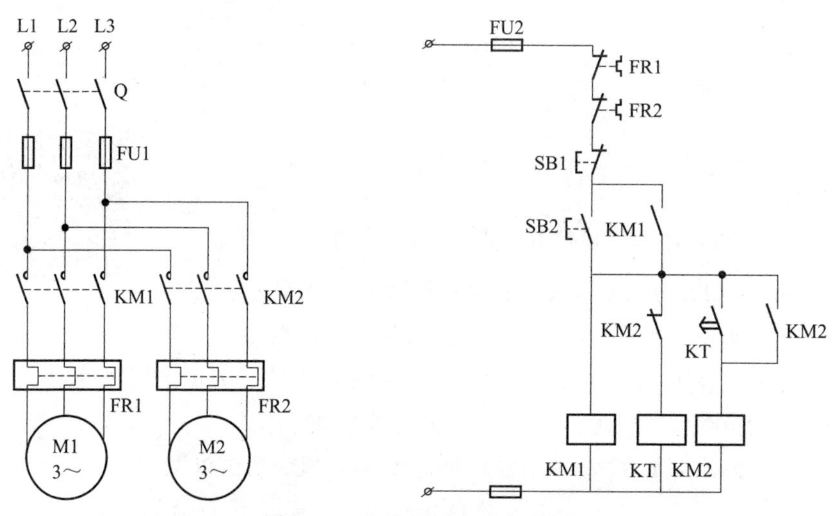


图 3-24 电机延时启动电路图

### (2) 创建变量表（图 3-25）

| 名称 | 数据类型 | 地址 | | | | |
|---|---|---|---|---|---|---|
| SB1启动按钮 | Bool | %I0.2 | ☐ | ☑ | ☑ | ☑ |
| SB2停止按钮 | Bool | %I0.3 | ☐ | ☑ | ☑ | ☑ |
| 热继电器1 | Bool | %I0.4 | ☐ | ☑ | ☑ | ☑ |
| 热继电器2 | Bool | %I0.6 | ☐ | ☑ | ☑ | ☑ |
| M1电机1 | Bool | %Q0.4 | ☐ | ☑ | ☑ | ☑ |
| M2电机2 | Bool | %Q0.5 | ☐ | ☑ | ☑ | ☑ |

图 3-25 电机延时启动变量表

### (3) 编写 SCL 程序（图 3-26）

```
"M1电机1" := ("SB1启动按钮" OR "M1电机1") AND NOT "SB2停止按钮";//M1电机控制

"IEC_Timer_0_DB".TON(IN:="M1电机1",
                     PT:=T#5s);                                    //延时5s

"M2电机2" := "IEC_Timer_0_DB".Q;                                   //M2电机控制
```

图 3-26 电机延时启动 SCL 程序

# 3.3 计数器指令

## 3.3.1 CTU 增计数器

**(1) CTU“增计数”指令用法说明**

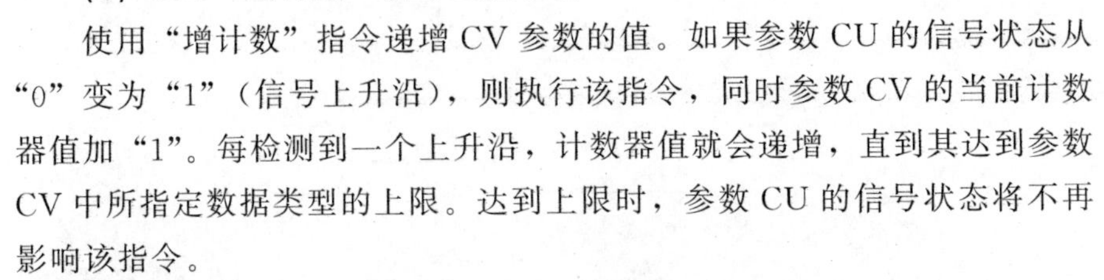

使用“增计数”指令递增 CV 参数的值。如果参数 CU 的信号状态从“0”变为“1”(信号上升沿),则执行该指令,同时参数 CV 的当前计数器值加“1”。每检测到一个上升沿,计数器值就会递增,直到其达到参数 CV 中所指定数据类型的上限。达到上限时,参数 CU 的信号状态将不再影响该指令。

可以通过参数 Q 查询计数状态。参数 Q 的信号状态由参数 PV 决定。如果当前计数器值大于或等于参数 PV 的值,则参数 Q 的信号状态将置位为“1”。在其他任何情况下,参数 Q 的信号状态均为“0”。也可以为参数 PV 指定一个常数。

**(2) CTU“增计数”指令用法**

如图 3-27 所示:当 CU 参数“增计数开始”操作数的信号状态从“0”变为“1”时,将执行“增计数”指令,同时 CV 参数“当前值”操作数的当前计数器值加 1。每检测到一个 CU 参数信号上升沿,计数器值都会递增,当前计数器 CV 值大于或等于操作数 3,输出 Q 参数“计数输出”的信号状态就为“1”。在其他任何情况下,输出 Q“计数输出”的信号状态均为“0”。

```
"IEC_Counter_0_DB_1".CTU(CU:="增计数开始",
                         R:="计数复位",
                         PV:=3,
                         Q=>"计数输出",
                         CV=>"当前值");
```

图 3-27 CTU 增计数 SCL 程序

输入 R 的参数“计数复位”状态变为“1”时,计数器数据就会被清除,输出 CV 的值被复位为“0”。只要输入 R 的信号状态仍为“1”,输入 CU 的信号状态就不会影响该指令。

图 3-27 案例中“IEC_Counter_0_DB_1”是指令的背景数据块,CTU 增计数器指令所有数据存放其中。CTU 增计数器指令也可以使用多重背景数据块。

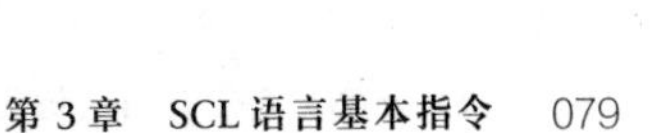

**（3）CTU 增计数器时序图（图 3-28）**

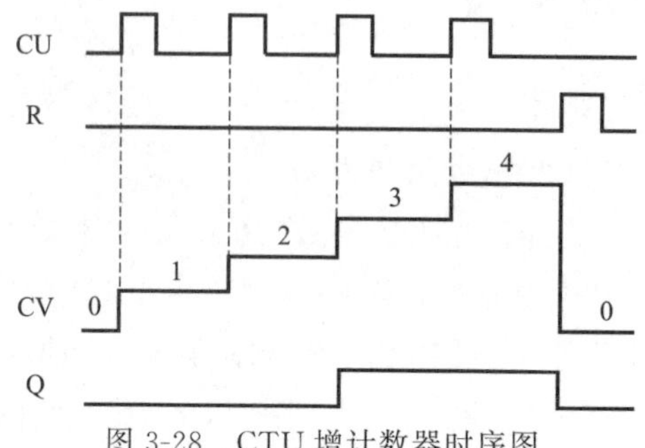


图 3-28　CTU 增计数器时序图

## 3.3.2　CTD 减计数器

**（1）CTD“减计数”指令使用说明**

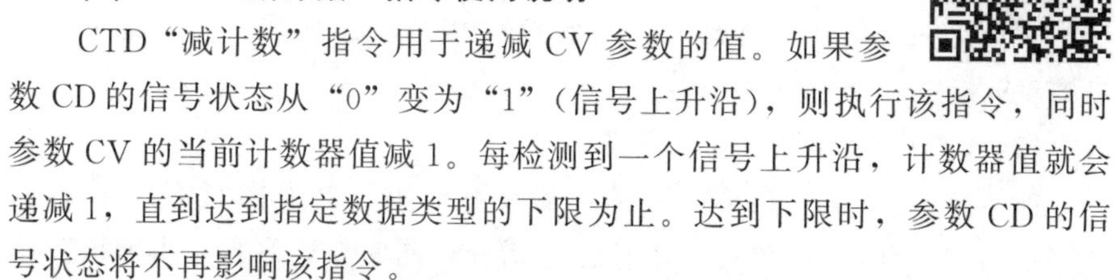

CTD“减计数”指令用于递减 CV 参数的值。如果参数 CD 的信号状态从“0”变为“1”（信号上升沿），则执行该指令，同时参数 CV 的当前计数器值减 1。每检测到一个信号上升沿，计数器值就会递减 1，直到达到指定数据类型的下限为止。达到下限时，参数 CD 的信号状态将不再影响该指令。

可以通过参数 Q 查询计数状态。如果当前计数器值小于或等于“0”，则参数 Q 的信号状态将置位为“1”。在其他任何情况下，参数 Q 的信号状态均为“0”。也可以为参数 PV 指定一个常数。

当参数 LD 的信号状态变为“1”时，参数 CV 的值会设置为参数 PV 的值。只要参数 LD 的信号状态为“1”，参数 CD 的信号状态就不会影响该指令。

**（2）CTD“减计数”指令用法**

如图 3-29 所示：当 LD 参数“减计数预设”操作数接通，CV 参数“当前值”预设为 3。当 CU 参数“减计数开始”操作数的信号状态从“0”变为“1”时，将执行“减计数”指令，CV 参数“当前值”操作数的当前计数器值减 1。每检测到一个 CU 参数信号上升沿，计数器值都会递减，当前计数器 CV 值小于或等于 0，输出 Q 参数“减计数输出”的信号状态就为“1”。在其他任何情况下，输出 Q“计数输出”的信号状态均为“0”。

图 3-29 案例中“IEC_Counter_0_DB”是指令的背景数据块，CTD 减

```
"IEC_Counter_0_DB".CTD(CD:="减计数开始",
                       LD:="减计数预设",
                       PV:=3,
                       Q=>"减计数输出",
                       CV=>"当前值");
```

图 3-29　CTD 减计数 SCL 程序

计数器指令所有数据存放其中。CTD 减计数器指令也可以使用多重背景数据块。

**（3）CTD 减计数器时序图（图 3-30）**

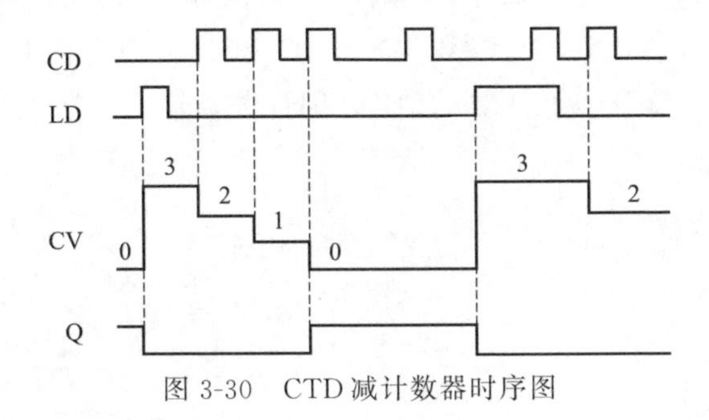


图 3-30　CTD 减计数器时序图

## 3.3.3　CTUD 增减计数器

**（1）CTUD“增减计数”指令使用说明**

使用“增减计数”指令递增和递减 CV 参数的计数器值。如果参数 CU 的信号状态从“0”变为“1”（信号上升沿），则参数 CV 的当前计数器值加 1。如果参数 CD 的信号状态从“0”变为“1”（信号上升沿），则参数 CV 的计数器值减 1。如果在一个程序周期内输入 CU 和 CD 都出现了一个信号上升沿，则参数 CV 的当前计数器值保持不变。

计数器值达到参数 CV 指定数据类型的上限后，停止递增。达到上限后，即使出现信号上升沿，计数器值也不再递增。达到指定数据类型的下限后，计数器值便不再递减。

当参数 LD 中的信号状态变为“1”时，参数 CV 的计数器值会设置为参数 PV 的值。只要参数 LD 的信号状态为“1”，参数 CU 和 CD 的信号状态就不会影响该指令。

当 R 参数的信号状态变为“1”时，计数器值将置位为 0。只要 R 参数的信号状态仍为“1”，参数 CU、CD 和 LD 信号状态的改变就不会影响“增减计数”指令。

可以在 QU 参数中查询增计数器的状态。如果当前计数器值大于或等于参数 PV 的值，则参数 QU 的信号状态将置位为“1”。在其他任何情况下，参数 QU 的信号状态均为“0”。也可以为参数 PV 指定一个常数。

可以在 QD 参数中查询减计数器的状态。如果当前计数器值小于或等于“0”，则参数 QD 的信号状态将置位为“1”。在其他任何情况下，参数 QD 的信号状态均为“0”。

**(2) CTUD“增减计数器”指令用法（图 3-31）**

如果 CU 参数“增计数输入”操作数的信号状态出现上升沿，当前计数器的值加 1 并存储在 CV 参数“当前值”操作数中。如果 CV 参数“当前值”的值大于等于参数 PV 的值 4，则计数器输出参数 QU＝1，“增计数器状态”接通。

```
"IEC_Counter_0_DB_2".CTUD(CU:="增计数输入",
                         CD:="减计数输入",
                         R:="计数复位",
                         LD:="计数器预设",
                         PV:=4,
                         QU=>"加计数器状态",
                         QD=>"减计数器状态",
                         CV=>"当前值");
```

图 3-31 CTUD 计数器 SCL 程序

如果 CD 参数“减计数输入”操作数的信号状态出现信号上升沿，则计数器值减 1 并存储在 CV 参数“当前值”操作数中。如果 CV 参数“当前值”的值小于或等于零，则计数器输出参数 QD＝1，“减计数器状态”接通。

当 R 参数“计数复位”接通，则计数器的所有数据复位清零。

当 LD 参数“计数器预设”接通，PV 参数的值就会预设成 CV 参数“当前值”，一般使用减计数器功能时，先要预设值。

参数 CU 出现信号上升沿时计数器值将递增，直至达到指定数据类型（INT）的上限。如果 CD 参数出现上升沿，计数器值将递减，直至达到指定数据类型（INT）的下限。

图 3-31 案例中“IEC_Counter_0_DB_2”是指令的背景数据块，CTUD 增减计数器指令所有数据存放其中。CTUD 增减计数器指令也可以使用多重背景数据块。

**(3) CTUD 增减计数器时序图（图 3-32）**

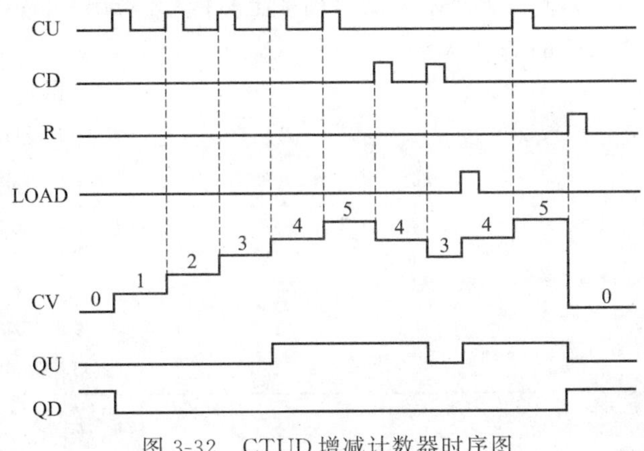


图 3-32 CTUD 增减计数器时序图

### 3.3.4 警报器计数实例

**(1) 项目要求**

某项目需要对电机控制，按下 SB2 启动按钮，电机启动运行，按下 SB1 停止按钮，电机停止，如果设备发热，电机立刻停机。为了提醒维修人员，设备故障出现后报警扬声器发出警报声，报警灯连续闪烁 10 次，每次亮 0.5s，熄灭 0.5s，然后停止声光报警。按下停止按钮，电机和声光报警全部停止。

**(2) 启用系统时钟存储器（图 3-33）**

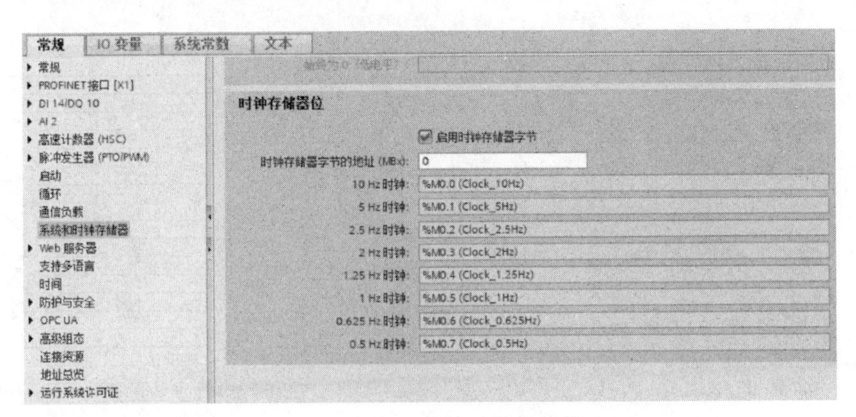


图 3-33 启用系统时钟存储器

**（3）创建变量表（图 3-34）**

图 3-34 中，M0.0 到 M0.7 是启用系统时钟存储器时自动生成，框中是程序中需要创建的变量。

默认变量表

| 名称 | 数据类型 | 地址 | 保持 | 从 H... | 从 H... | 在 H... |
|---|---|---|---|---|---|---|
| Clock_Byte | Byte | %MB0 | ☐ | ☑ | ☑ | ☑ |
| Clock_10Hz | Bool | %M0.0 | ☐ | ☑ | ☑ | ☑ |
| Clock_5Hz | Bool | %M0.1 | ☐ | ☑ | ☑ | ☑ |
| Clock_2.5Hz | Bool | %M0.2 | ☐ | ☑ | ☑ | ☑ |
| Clock_2Hz | Bool | %M0.3 | ☐ | ☑ | ☑ | ☑ |
| Clock_1.25Hz | Bool | %M0.4 | ☐ | ☑ | ☑ | ☑ |
| Clock_1Hz | Bool | %M0.5 | ☐ | ☑ | ☑ | ☑ |
| Clock_0.625Hz | Bool | %M0.6 | ☐ | ☑ | ☑ | ☑ |
| Clock_0.5Hz | Bool | %M0.7 | ☐ | ☑ | ☑ | ☑ |
| SB1停止按钮 | Bool | %I0.0 | ☐ | ☑ | ☑ | ☑ |
| SB2启动按钮 | Bool | %I0.1 | ☐ | ☑ | ☑ | ☑ |
| 热继电器 | Bool | %I0.2 | ☐ | ☑ | ☑ | ☑ |
| 输出线圈 | Bool | %Q0.0 | ☐ | ☑ | ☑ | ☑ |
| 光报警 | Bool | %Q0.1 | ☐ | ☑ | ☑ | ☑ |
| 声报警 | Bool | %Q0.2 | ☐ | ☑ | ☑ | ☑ |

图 3-34　创建变量表

**（4）编写 SCL 程序（图 3-35）**

```
"输出线圈" := ("SB2启动按钮" AND "输出线圈") AND NOT "SB1停止按钮" AND "热继电器";
//启保停SCL程序

"光报警" := "热继电器";

"计数器".CTU(CU:="声报警",
           R:="SB1停止按钮",
           PV:=10);
//计数器控制，声报警开始计数，计数次数设置10次

"声报警" := "Clock_1Hz" AND "热继电器" AND NOT "计数器".QU;

//热继电器接通报警，"Clock_1Hz"控制接通0.5s断开0.5s，计数器次数达到断开"声报警"
//
```

图 3-35　警报器计数 SCL 程序

# 3.4　数学函数

## 3.4.1　ABS 计算绝对值

计算绝对值指令 ABS，可以简单地理解为计算数轴上某点到原点的距离，即两个点之间的绝对差值。指令用法和监视如图 3-36 所示。

图 3-36 中，ABS 表达式“数值”的值为 −5，−5 到原点 0 的绝对值

```
"绝对值":=ABS("数值");
```

| | | |
|---|---|---|
| ▼ | "绝对值" | 5 |
| | ABS | 5 |
| | "数值" | -5 |

图 3-36　ABS 计算绝对值 SCL 程序以及监视

为 5，所以“绝对值”的值为 5。

## 3.4.2　MIN 获取最小值

使用 MIN“获取最小值”指令，可以在多个数据中找到最小值。指令使用方法和监视如图 3-37 所示。

```
"最小值":=MIN(IN1 := "数据1",
              IN2 := "数据2",
              IN3 := "数据3");
```

| | | |
|---|---|---|
| ▼ | "最小值" | 8 |
| | MIN | 8 |
| | "数据1" | 8 |
| | "数据2" | 56 |
| | "数据3" | 195 |

图 3-37　MIN 获取最小值 SCL 程序以及监视

如图 3-37 所示，IN1 参数“数据 1”的值为 8，IN2 参数“数据 2”的值为 56，IN3 参数“数据 3”的值为 195，三个数据里面最小的值是 8，所以 MIN 指令的运算结果“最小值”为 8。

## 3.4.3　MAX 获取最大值

使用 MAX“获取最大值”指令，可以在多个数据中找到最大值。指令使用方法和监视如图 3-38 所示。

```
"最大值" := MAX(IN1 := "数据1",
               IN2 := "数据2",
               IN3 := "数据3");
```

| | | |
|---|---|---|
| ▼ | "最大值" | 230 |
| | MAX | 230 |
| | "数据1" | 7 |
| | "数据2" | 68 |
| | "数据3" | 230 |

图 3-38　MAX 获取最大值 SCL 程序以及监视

如图 3-28 所示，IN1 参数“数据 1”的值为 7，IN2 参数“数据 2”的值为 68，IN3 参数“数据 3”的值为 230，三个数据里面最大的值是 230，所以 MAX 指令的运算结果“最大值”为 230。

## 3.4.4　LIMIT 设置限值

使用 LIMIT“设置限值”指令，可以判断输入值是否在两个数据之间。指令使用方法和监视如图 3-39 所示。

```
"返回值":= LIMIT(MN := "下限",
                 IN := "输入值",
                 MX := "上限");
```

| | | |
|---|---|---|
| ▼ | "返回值" | 5 |
| | LIMIT | 5 |
| | "下限" | 3 |
| | "输入值" | 5 |
| | "上限" | 9 |

图 3-39　LIMIT 设置限值 SCL 程序以及监视

如图 3-39 所示，MN 参数“下限”的值为 3，MX 参数“上限”的值为 9，IN 参数“输入值”的值为 5，处于 MN 下限与 MX 上限之间，返回值等于 IN 参数“输入值”。

如果参数 IN 的值满足条件 MN＜＝IN＜＝MX，则参数 IN 的值作为该指令的结果返回；如果输入值（IN）小于下限 MN，则将参数 MN 的值作为结果返回；如果输入值（IN）超出了上限 MX，则将参数 MX 的值作为结果返回。

## 3.4.5　整数运算实例

**（1）项目要求**

有两个水池，1 号水池长 8 米、宽 3 米、高 5 米，2 号水池长 10 米、宽 15 米、高 5 米，要求计算将两个水池加满需要多少水量。

**（2）创建变量表（图 3-40）**

数据块

| 名称 | 数据类型 | 起始值 | 保持 | 从 HMI/OPC... | 从 H... | 在 HMI... | 设定值 |
|---|---|---|---|---|---|---|---|
| ▼ Static | | | ☐ | ☐ | ☐ | ☐ | ☐ |
| 1号水池长 | Int | 8 | ☐ | ☑ | ☑ | ☑ | ☐ |
| 1号水池宽 | Int | 3 | ☐ | ☑ | ☑ | ☑ | ☐ |
| 1号水池高 | Int | 5 | ☐ | ☑ | ☑ | ☑ | ☐ |
| 2号水池长 | Int | 10 | ☐ | ☑ | ☑ | ☑ | ☐ |
| 2号水池宽 | Int | 15 | ☐ | ☑ | ☑ | ☑ | ☐ |
| 2号水池高 | Int | 5 | ☐ | ☑ | ☑ | ☑ | ☐ |
| 总水量 | DInt | 0 | ☐ | ☑ | ☑ | ☑ | ☐ |

图 3-40　创建变量表

**（3）编写 SCL 程序（图 3-41）**

```
"数据块".总水量 := "数据块"."1号水池长" * "数据块"."1号水池宽" * "数据块"."1号水池宽"
               + "数据块"."2号水池长" * "数据块"."2号水池宽" * "数据块"."2号水池宽";
```

图 3-41　整数运算 SCL 程序

## 3.4.6　SQR 计算平方

使用 SQR“计算平方”指令，可以计算输入值的平方值，并将结果保存到指定的操作数中。指令使用方法和监视如图 3-42 所示。

```
"平方数" := SQR("浮点数");
```

| | | |
|---|---|---|
| "平方数" | %M... | 81.0 |
| SQR | | 81.0 |
| "浮点数" | %M... | 9.0 |

图 3-42 SQR 计算平方 SCL 程序以及监视

SQR 计算平方指令中，当“浮点数”变量的值为 9.0 时，指令的运算结果“平方数”的值为 81.0，指令的参数必须都是浮点数类型。

### 3.4.7 SQRT 计算平方根

使用 SQRT“计算平方根”指令，可以计算输入值的平方根值，并将结果保存到指定的操作数中。指令使用方法和监视如图 3-43 所示。

```
"平方根" := SQRT("浮点数2");
```

| | | |
|---|---|---|
| "平方根" | %M... | 5.0 |
| SQRT | | 5.0 |
| "浮点数2" | %M... | 25.0 |

图 3-43 SQRT 计算平方根 SCL 程序以及监视

SQRT 计算平方根指令中，当“浮点数 2”变量的值为 25.0 时，指令的运算结果“平方根”的值为 5.0，指令的参数必须都是浮点数类型。

### 3.4.8 LN 计算自然对数

使用 LN“计算自然对数”指令，可以计算输入值以 e（e=2.718282）为底的对数，并将结果保存到指定的操作数中。指令使用方法和监视如图 3-44 所示。

```
"自然对数" := LN("浮点数3");
```

| | | |
|---|---|---|
| "自然对数" | %M... | 4.60517 |
| LN | | 4.60517 |
| "浮点数3" | %M... | 100.0 |

图 3-44 LN 计算自然对数 SCL 程序以及监视

LN 计算自然对数指令中，当“浮点数 3”变量的值为 100.0 时，指令的运算结果“自然对数”的值为 4.60517，指令的参数必须都是浮点数类型。

### 3.4.9 EXP 计算指数值

使用 EXP“计算指数值”指令，可以计算输入值以 e（e=2.718282）为底的指数，并将结果保存到指定的操

作数中。指令使用方法和监视如图 3-45 所示。

```
"自然指数" := EXP("浮点数4");
```

| | | |
|---|---|---|
| "自然指数" | %MD124 | 148.4132 |
| EXP | | 148.4132 |
| "浮点数4" | %MD128 | 5.0 |

图 3-45　EXP 计算指数值 SCL 程序以及监视

EXP 计算指数值指令中，当“浮点数 4”变量的值为 5.0 时，指令的运算结果“自然指数”的值为 148.4132，指令的参数必须都是浮点数类型。

LN“计算自然对数”指令与 EXP“计算指数值”指令是对应的，e（e=2.718282）是自然数，以 e 为底的对数是 LN，以 e 为底的指数是 EXP。

## 3.4.10　浮点数运算实例

**（1）项目要求**

某个汽车生产线项目需要用到 PLC 配合伺服做定位控制，参数设定为 PLC 每 1000 个脉冲让伺服走 1mm，现在要求触摸屏可以设置伺服要定位的位置，根据设置的位置计算 PLC 要发送的脉冲数。

**（2）创建变量表（图 3-46）**

数据块

| 名称 | 数据类型 | 起始值 | 保持 | 从 HMI/OPC.. | 从 H... | 在 HMI ... | 设定值 |
|---|---|---|---|---|---|---|---|
| ▼ Static | | | ☐ | ☐ | ☐ | ☐ | ☐ |
| HMI设置位置 | Real | 0.0 | ☐ | ☑ | ☑ | ☑ | ☐ |
| PLC发送脉冲数 | Real | 0.0 | ☐ | ☑ | ☑ | ☑ | ☐ |

图 3-46　创建变量表

**（3）编写 SCL 程序（图 3-47）**

```
"数据块".PLC发送脉冲数 := "数据块".HMI设置位置 * 1000;
```

图 3-47　浮点数运算 SCL 程序

## 3.4.11　SIN 计算正弦值

使用 SIN“计算正弦值”指令，可以计算输入值的正弦值，并将结果保存到指定的操作数中，输入值的数据必须是弧度。指令使用方法和监视如图 3-48 所示。

SIN 计算正弦值指令中，当“弧度”变量的值为 1.0 时，指令的运算结果“正弦值”的值为 0.841471，指令的参数必须都是浮点数类型。

```
"正弦值" := SIN("弧度");
```

| | | |
|---|---|---|
| "正弦值" | %M... | 0.841471 |
| SIN | | 0.841471 |
| "弧度" | %M... | 1.0 |

图 3-48　SIN 计算正弦值 SCL 程序以及监视

### 3.4.12　COS 计算余弦值

使用 COS“计算余弦值”指令，可以计算输入值的余弦值，并将结果保存到指定的操作数中，输入值的数据必须是弧度。指令使用方法和监视如图 3-49 所示。

```
"余弦值" := COS("弧度2");
```

| | | |
|---|---|---|
| "余弦值" | %M... | 0.5403023 |
| COS | | 0.5403023 |
| "弧度2" | %M... | 1.0 |

图 3-49　COS 计算余弦值 SCL 程序以及监视

COS 计算余弦值指令中，当“弧度 2”变量的值为 1.0 时，指令的运算结果“余弦值”的值为 0.5403023，指令的参数必须都是浮点数类型。

### 3.4.13　TAN 计算正切值

使用 TAN“计算正切值”指令，可以计算输入值的正切值。输入值的单位必须为弧度。指令使用方法和监视如图 3-50 所示。

```
"正切值" := TAN("弧度3")
```

| | | |
|---|---|---|
| "正切值" | %M... | 1.557408 |
| TAN | | 1.557408 |
| "弧度3" | %M... | 1.0 |

图 3-50　TAN 计算正切值 SCL 程序以及监视

TAN 计算正切值指令中，当“弧度 3”变量的值为 1.0 时，指令的运算结果“正切值”的值为 1.557408，指令的参数必须都是浮点数类型。

### 3.4.14　ASIN 计算反正弦值

使用 ASIN“计算反正弦值”指令，可以计算正弦值所对应的角度值。输入正弦值只能是−1～1 范围内的有效浮点数，计算出的角度值以弧度为单位。指令使用方法和监视如图 3-51 所示。

ASIN 计算反正弦值指令中，当“正弦值”变量的值为 0.6841368 时，指令的运算结果“角度值”的值为 0.7534196，指令的参数必须都是浮点数类型。

```
"角度值" := ASIN("正弦值");
```

| | | |
|---|---|---|
| "角度值" | %M... | 0.7534196 |
| ASIN | | 0.7534196 |
| "正弦值" | %M... | 0.6841369 |

图 3-51　ASIN 计算反正弦值 SCL 程序以及监视

### 3.4.15　ACOS 计算反余弦值

使用 ACOS“计算反余弦值”指令，可以计算余弦值所对应的角度值。输入余弦值只能是−1～1 范围内的有效浮点数，计算出的角度值以弧度为单位。指令使用方法和监视如图 3-52 所示。

```
"角度值2" := ACOS("余弦值");
```

| | | |
|---|---|---|
| "角度值2" | %M... | 0.6435011 |
| ACOS | | 0.6435011 |
| "余弦值" | %M... | 0.8 |

图 3-52　ACOS 计算反余弦值 SCL 程序以及监视

ACOS 计算反余弦值指令中，当“余弦值”变量的值为 0.8 时，指令的运算结果“角度值 2”的值为 0.6435011，指令的参数必须都是浮点数类型。

### 3.4.16　ATAN 计算反正切值

使用 ATAN“计算反正切值”指令，可以计算正切值所对应的角度值。输入正切值只能是−1～1 范围内的有效浮点数，计算出的角度值以弧度为单位。指令使用方法和监视如图 3-53 所示。

```
"角度值3" := ATAN("正切值");
```

| | | |
|---|---|---|
| "角度值3" | %M... | 0.674741 |
| ATAN | | 0.674741 |
| "正切值" | %M... | 0.8 |

图 3-53　ATAN 计算反正切值 SCL 程序以及监视

ATAN 计算反正切值指令中，当“正切值”变量的值为 0.8 时，指令的运算结果“角度值 3”的值为 0.674741，指令的参数必须都是浮点数类型。

### 3.4.17　FRAC 返回小数

使用 FRAC“返回小数”指令，可以计算浮点数所对应的小数点。指令使用方法和监视如图 3-54 所示。

FRAC 计算返回小数指令中，当“浮点数 5”变量的值为 3.1415 时，指令的运算结果“小数”的值为 0.1415，指令的参数必须都是浮点数类型。

```
"小数" := FRAC("浮点数5");
```

| | | | |
|---|---|---|---|
| ▼ | "小数" | %M... | 0.1415 |
| | FRAC | | 0.1415 |
| | "浮点数5" | %M... | 3.1415 |

图 3-54　FRAC 返回小数 SCL 程序以及监视

## 3.4.18　两次调用星三角实例

### (1) 项目要求

三峡发电站某项目有 2 台 20kW 电机，项目在运行的时候 2 台电机都同时运行。由于电机功率太大，需要用星三角启动，而且 2 台电机要逐一启动，要求用 SCL 语言编写程序。

### (2) 编程思路

思路：先创建一个 FB 块，在 FB 块里面写星三角的程序，变量全部用局部变量，在主程序中调用 2 次 FB 块。

按钮：启动按钮、停止按钮。

输出：电机 1 主线圈、电机 1 星形线圈、电机 1 三角形线圈，电机 2 主线圈、电机 2 星形线圈、电机 2 三角形线圈。

### (3) 块与变量表

创建 FB 块和 FC 块，如图 3-55 所示。

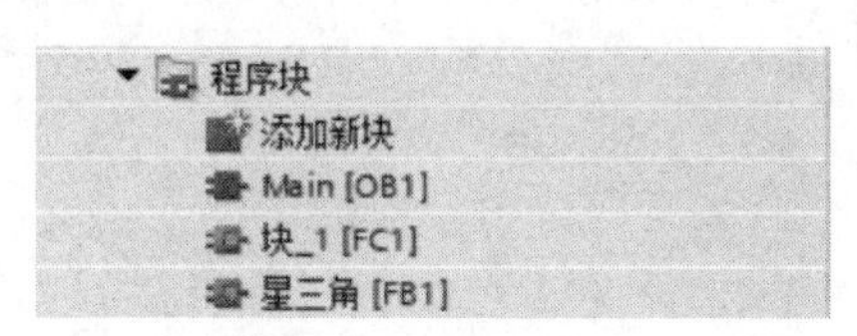


图 3-55　创建 FB 和 FC 块

创建 FB 局部变量，如图 3-56 所示。

星三角

| | 名称 | 数据类型 | 默认值 | 保持 | 可从 HMI/... | 从 H... | 在 HMI ... | 设定值 | 注释 |
|---|---|---|---|---|---|---|---|---|---|
| 1 | ▼ Input | | | | ☐ | ☐ | ☐ | ☐ | |
| 2 | 启动星三角 | Bool | false | 非保持 | ☑ | ☑ | ☑ | ☐ | |
| 3 | 停止星三角 | Bool | false | 非保持 | ☑ | ☑ | ☑ | ☐ | |
| 4 | ▼ Output | | | | ☐ | ☐ | ☐ | ☐ | |
| 5 | 主线圈 | Bool | false | 非保持 | ☑ | ☑ | ☑ | ☐ | |
| 6 | 星线圈 | Bool | false | 非保持 | ☑ | ☑ | ☑ | ☐ | |
| 7 | 三角线圈 | Bool | false | 非保持 | ☑ | ☑ | ☑ | ☐ | |
| 8 | ▼ InOut | | | | ☐ | ☐ | ☐ | ☐ | |
| 9 | <新增> | | | | ☐ | ☐ | ☐ | ☐ | |
| 10 | ▼ Static | | | | ☐ | ☐ | ☐ | ☐ | |
| 11 | 延时完成 | Bool | false | 非保持 | ☑ | ☑ | ☑ | ☐ | |
| 12 | ▶ 定时器 | TON_TIME | | 非保持 | ☑ | ☑ | ☑ | ☐ | |
| 13 | ▼ Temp | | | | ☐ | ☐ | ☐ | ☐ | |
| 14 | <新增> | | | | ☐ | ☐ | ☐ | ☐ | |
| 15 | ▼ Constant | | | | ☐ | ☐ | ☐ | ☐ | |

图 3-56　FB 局部变量

创建全局变量，如图 3-57 所示。

变量表_1

| | 名称 | 数据类型 | 地址 | 保持 | 可从 ... | 从 H... | 在 H... |
|---|---|---|---|---|---|---|---|
| | 启动按钮SB1 | Bool | %I0.0 | ☐ | ☑ | ☑ | ☑ |
| | 停止按钮SB2 | Bool | %I0.1 | ☐ | ☑ | ☑ | ☑ |
| | 电机1主 | Bool | %Q0.0 | ☐ | ☑ | ☑ | ☑ |
| | 电机1星 | Bool | %Q0.1 | ☐ | ☑ | ☑ | ☑ |
| | 电机1三角 | Bool | %Q0.2 | ☐ | ☑ | ☑ | ☑ |
| | 电机2主 | Bool | %Q0.3 | ☐ | ☑ | ☑ | ☑ |
| | 电机2星 | Bool | %Q0.4 | ☐ | ☑ | ☑ | ☑ |
| | 电机2三角 | Bool | %Q0.5 | ☐ | ☑ | ☑ | ☑ |
| | 电机1启动延时 | Bool | %M10.6 | ☑ | ☑ | ☑ | ☑ |

图 3-57　全局变量

**(4) 编写 SCL 程序**

创建 FB 块程序，如图 3-58 所示。注意：因为要使用多次调用 FB 块，所以这个程序里的变量都应使用局部变量。

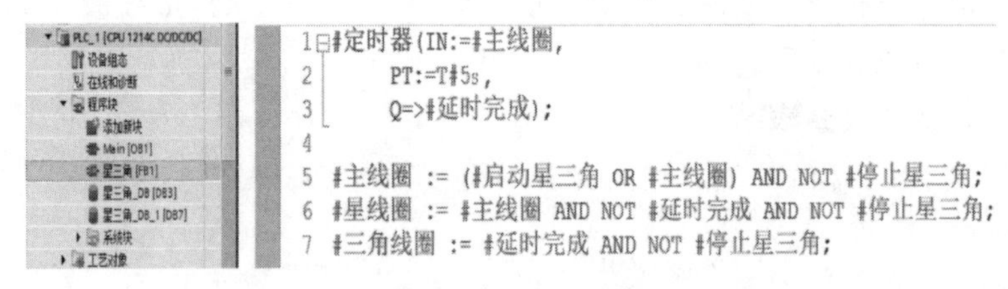


图 3-58　FB 块程序

在 FC 块中两次调用 FB，如图 3-59 所示。

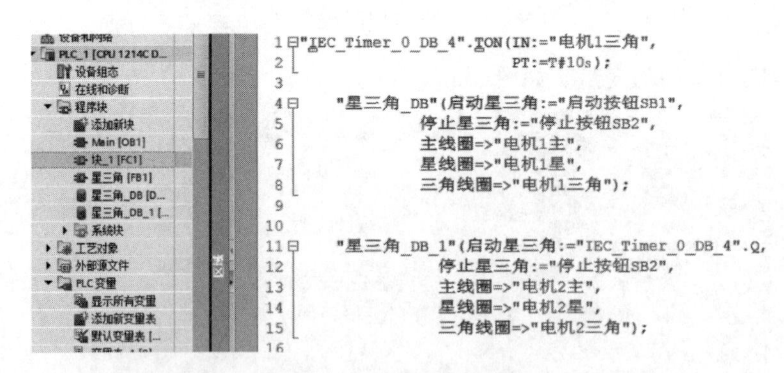


图 3-59　FC 中两次调用 FB

# 3.5 移动操作

## 3.5.1 Serialize 序列化

下面讲述如何使用“序列化”指令将多个 PLC 数据类型（UDT）、STRUCT 或 Array of＜数据类型＞转换为顺序表示，而不会丢失结构数据。

使用“序列化”指令案例，步骤如下：创建 PLC 数据类型“variant1”，在里面添加如图 3-60 所示的数据类型，并在里面设置默认值。

variant1

| | 名称 | 数据类型 | 默认值 |
|---|---|---|---|
| 1 | b1 | Bool | 1 |
| 2 | b2 | Bool | 0 |
| 3 | W1 | Word | 1357 |
| 4 | b4 | Bool | 1 |
| 5 | W2 | Word | 2468 |
| 6 | W3 | Word | 1122 |

图 3-60　创建 variant1 数据类型

创建全局 DB 数据块“序列化”，并在里面创建“variant1”数据类型：Array［0..15］of Byte 数据类型、Dint 数据类型、Int 数据类型，如图 3-61 所示。

编写“序列化”指令，用“启动”上升沿启用“序列化”指令，如

序列化

| | 名称 | 数据类型 | 起始值 |
|---|---|---|---|
| 1 | Static | | |
| 2 | 初始数据 | "variant1" | |
| 3 | b1 | Bool | 1 |
| 4 | b2 | Bool | 0 |
| 5 | W1 | Word | 1357 |
| 6 | b4 | Bool | 1 |
| 7 | W2 | Word | 2468 |
| 8 | W3 | Word | 1122 |
| 9 | 数组 | Array[0..15] of Byte | |
| 10 | 数组[0] | Byte | 16#0 |
| 11 | 数组[1] | Byte | 16#0 |
| 12 | 数组[2] | Byte | 16#0 |
| 13 | 数组[3] | Byte | 16#0 |
| 14 | 数组[4] | Byte | 16#0 |
| 15 | 数组[5] | Byte | 16#0 |
| 16 | 数组[6] | Byte | 16#0 |
| 17 | 数组[7] | Byte | 16#0 |
| 18 | 数组[8] | Byte | 16#0 |
| 19 | 数组[9] | Byte | 16#0 |
| 20 | 数组[10] | Byte | 16#0 |
| 21 | 数组[11] | Byte | 16#0 |
| 22 | 数组[12] | Byte | 16#0 |
| 23 | 数组[13] | Byte | 16#0 |
| 24 | 数组[14] | Byte | 16#0 |
| 25 | 数组[15] | Byte | 16#0 |
| 26 | POS_Dint | DInt | 0 |
| 27 | 返回值 | Int | 0 |

图 3-61　创建全局 DB

图 3-62 所示。

```
"R_TRIG_DB_1"(CLK:="启动");
IF "R_TRIG_DB_1".Q THEN
    
    "序列化".返回值 := Serialize(SRC_VARIABLE := "序列化".初始数据,
                              DEST_ARRAY => "序列化".数组,
                              POS := "序列化".POS_Dint);
    
END_IF;
```

图 3-62　Serialize 序列化 SCL 编程

上升沿启用“序列化”指令，将 SRC_VARIABLE 参数变量“"序列化". 初始数据”里面的多个数据依次传送到 DEST_ARRAY 的参数变量“"序列化". 序列化”中。

启用“序列化”指令，DB 块内的数据如图 3-63 所示。

序列化

| | 名称 | 数据类型 | 起始值 | 监视值 | 保持 |
|---|---|---|---|---|---|
| 1 | ▼ Static | | | | |
| 2 | ▼ 初始数据 | "variant1" | | | |
| 3 | b1 | Bool | 1 | TRUE | |
| 4 | b2 | Bool | 0 | FALSE | |
| 5 | W1 | Word | 1357 | 16#054D | |
| 6 | b4 | Bool | 1 | TRUE | |
| 7 | W2 | Word | 2468 | 16#09A4 | |
| 8 | W3 | Word | 1122 | 16#0462 | |
| 9 | ▼ 数组 | Array[0..15] of Byte | | | |
| 10 | 数组[0] | Byte | 16#0 | 16#01 | |
| 11 | 数组[1] | Byte | 16#0 | 16#00 | |
| 12 | 数组[2] | Byte | 16#0 | 16#05 | |
| 13 | 数组[3] | Byte | 16#0 | 16#4D | |
| 14 | 数组[4] | Byte | 16#0 | 16#01 | |
| 15 | 数组[5] | Byte | 16#0 | 16#00 | |
| 16 | 数组[6] | Byte | 16#0 | 16#09 | |
| 17 | 数组[7] | Byte | 16#0 | 16#A4 | |
| 18 | 数组[8] | Byte | 16#0 | 16#04 | |
| 19 | 数组[9] | Byte | 16#0 | 16#62 | |
| 20 | 数组[10] | Byte | 16#0 | 16#00 | |
| 21 | 数组[11] | Byte | 16#0 | 16#00 | |
| 22 | 数组[12] | Byte | 16#0 | 16#00 | |
| 23 | 数组[13] | Byte | 16#0 | 16#00 | |
| 24 | 数组[14] | Byte | 16#0 | 16#00 | |
| 25 | 数组[15] | Byte | 16#0 | 16#00 | |
| 26 | POS_Dint | DInt | 0 | 10 | |
| 27 | 返回值 | Int | 0 | 0 | |

图 3-63　Serialize 序列化 SCL 编程监控

## 3.5.2　Deserialize 取消序列化

下面讲解如何使用“取消序列化”指令反向转换 PLC 数据类型（UDT）、STRUCT 或 Array of<数据类型>的顺序表示并填充所有内容。

使用“序列化”指令案例，步骤如下：创建 PLC 数据类型“数据”，在里面添加如图 3-64 所示的数据类型，数据与 3.5.1 节中的“variant1”数据一样，只是不使用默认值。

| | 名称 | 数据类型 | 默认值 |
|---|---|---|---|
| 1 | b1 | Bool | 0 |
| 2 | b2 | Bool | 0 |
| 3 | W1 | Word | 0 |
| 4 | b4 | Bool | 0 |
| 5 | W2 | Word | 0 |
| 6 | W3 | Word | 0 |

图 3-64　创建数据类型

创建全局 DB 数据块“反序列化”，并在里面创建“数据”数据类型、Dint 数据类型、Int 数据类型。如图 3-65 所示。

| | 名称 | 数据类型 | 起始值 |
|---|---|---|---|
| 1 | Static | | |
| 2 | 反数据 | "数据" | |
| 3 | b1 | Bool | 0 |
| 4 | b2 | Bool | 0 |
| 5 | W1 | Word | 0 |
| 6 | b4 | Bool | 0 |
| 7 | W2 | Word | 0 |
| 8 | W3 | Word | 0 |
| 9 | POS_Dint | DInt | 0 |
| 10 | 返回值 | Int | 0 |

图 3-65　创建全局 DB 数据块

编写“反序列化”指令，用“开始”上升沿启用“反序列化”指令，如图 3-66 所示。

```
"R_TRIG_DB_1"(CLK:="开始");

IF "R_TRIG_DB_1".Q THEN
    "反序列化".返回值 := Deserialize(SRC_ARRAY := "序列化".数组,
                                    DEST_VARIABLE => "反序列化".反数据,
                                    POS := "反序列化".POS_Dint);
END_IF;
```

图 3-66　Deserialize 反序列化 SCL 编程

将 SRC_VRRAY 参数变量“"序列化". 数组”里面的多个数据依次传送到 DEST_VARIABLE 的参数变量“"反序列化". 反数据”中。“"序列化". 数组”里面的数据是 3.5.1 节中“序列化”指令传送进去的。启用“反序列化”指令，反序列化 DB 块内的数据监视如图 3-67 所示。

| | 名称 | 数据类型 | 起始值 | 监视值 |
|---|---|---|---|---|
| 1 | ▼ Static | | | |
| 2 | ▼ 反数据 | "数据" | | |
| 3 | b1 | Bool | 0 | TRUE |
| 4 | b2 | Bool | 0 | FALSE |
| 5 | W1 | Word | 0 | 16#054D |
| 6 | b4 | Bool | 0 | TRUE |
| 7 | W2 | Word | 0 | 16#09A4 |
| 8 | W3 | Word | 0 | 16#0462 |
| 9 | POS_Dint | DInt | 0 | 10 |
| 10 | 返回值 | Int | 0 | 0 |
| 11 | <新增> | | | |

图 3-67　Deserialize 反序列化程序数据监控

### 3.5.3　MOVE_BLK 移动块

使用 MOVE_BLK“移动块”指令可将一个存储区（源范围）的数据移动到另一个存储区（目标范围）中。使用参数 COUNT 可以指定移动到目标范围中的元素个数，而待移动元素的宽度由源区域中第一个元素的宽度决定。

```
MOVE_BLK(IN:="移动".数组1[0],
         COUNT:=5,
         OUT=>"移动".数组2[2]);
```

图 3-68　MOVE_BLK 移动块程序

在 DB 块中创建两个 INT 数组，分别是“数组 1”和“数组 2”，如图 3-68 所示。

启动 MOVE_BLK 移动块指令，将“"移动". 数组 1［0］”开始的 5 个元素传送到“"移动". 数组 2［2］”开始的 5 个元素中。数据的监视如图 3-69 所示。

移动

| | 名称 | 数据类型 | 起始值 | 监视值 |
|---|---|---|---|---|
| 1 | ▼ Static | | | |
| 2 | ▼ 数组1 | Array[0..6] of Int | | |
| 3 | 数组1[0] | Int | 0 | 1 |
| 4 | 数组1[1] | Int | 0 | 2 |
| 5 | 数组1[2] | Int | 0 | 3 |
| 6 | 数组1[3] | Int | 0 | 4 |
| 7 | 数组1[4] | Int | 0 | 5 |
| 8 | 数组1[5] | Int | 0 | 6 |
| 9 | 数组1[6] | Int | 0 | 7 |
| 10 | ▼ 数组2 | Array[0..10] of Int | | |
| 11 | 数组2[0] | Int | 0 | 0 |
| 12 | 数组2[1] | Int | 0 | 0 |
| 13 | 数组2[2] | Int | 0 | 1 |
| 14 | 数组2[3] | Int | 0 | 2 |
| 15 | 数组2[4] | Int | 0 | 3 |
| 16 | 数组2[5] | Int | 0 | 4 |
| 17 | 数组2[6] | Int | 0 | 5 |
| 18 | 数组2[7] | Int | 0 | 0 |
| 19 | 数组2[8] | Int | 0 | 0 |
| 20 | 数组2[9] | Int | 0 | 0 |
| 21 | 数组2[10] | Int | 0 | 0 |

图 3-69　MOVE_BLK 移动块程序数据监视

## 3.5.4 MOVE_BLK_VARIANT 存储区移动

下面讲述如何使用 MOVE_BLK_VARIANT “存储区移动”指令将一个存储区（源范围）的数据移动到另一个存储区（目标范围）中。存储区移动指令可以将一个完整的 Array 或 Array 的元素复制到另一个相同数据类型的 Array 中，还可以设置传送数据的数量、源 Array 传送数据的起点、存储目标 Array 的起点。要复制的元素数量不得超过所选源范围或目标范围。

指令使用方法以及程序监视如图 3-70 所示。

```
"移动".返回值:=MOVE_BLK_VARIANT(SRC := "移动".数组1,
                               COUNT := "移动".传送数量,
                               SRC_INDEX := "移动".复制起点,
                               DEST_INDEX := "移动".储存起点,
                               DEST => "移动".数组2);
```

| 变量 | 值 |
|---|---|
| "移动".返回值 | 0 |
| "移动".传送数量 | 4 |
| "移动".复制起点 | 3 |
| "移动".储存起点 | 2 |

图 3-70　MOVE_BLK_VARIANT 存储区移动程序及监视

启动 MOVE_BLK_VARIANT 移动块指令，将“"移动". 数组 1”里面“"移动". 复制起点”开始的数据（第 3 个数组元素），传送到“"移动". 数组 2”里面“"移动". 储存起点”开始的存储位置（第 2 个数组元素），移动数据数量由“"移动". 传送数量”决定（移动 4 个数据）。数据的监视如图 3-71 所示。

| | 名称 | 数据类型 | 起始值 | 监视值 |
|---|---|---|---|---|
| 1 | Static | | | |
| 2 | 数组1 | Array[0..6] of Int | | |
| 3 | 数组1[0] | Int | 1 | 1 |
| 4 | 数组1[1] | Int | 2 | 2 |
| 5 | 数组1[2] | Int | 3 | 3 |
| 6 | 数组1[3] | Int | 4 | 4 |
| 7 | 数组1[4] | Int | 5 | 5 |
| 8 | 数组1[5] | Int | 6 | 6 |
| 9 | 数组1[6] | Int | 7 | 7 |
| 10 | 数组2 | Array[0..10] of Int | | |
| 11 | 数组2[0] | Int | 0 | 0 |
| 12 | 数组2[1] | Int | 0 | 0 |
| 13 | 数组2[2] | Int | 0 | 4 |
| 14 | 数组2[3] | Int | 0 | 5 |
| 15 | 数组2[4] | Int | 0 | 6 |
| 16 | 数组2[5] | Int | 0 | 7 |
| 17 | 数组2[6] | Int | 0 | 0 |
| 18 | 数组2[7] | Int | 0 | 0 |
| 19 | 数组2[8] | Int | 0 | 0 |
| 20 | 数组2[9] | Int | 0 | 0 |
| 21 | 数组2[10] | Int | 0 | 0 |
| 22 | 传送数量 | UDInt | 0 | 4 |
| 23 | 复制起点 | DInt | 0 | 3 |
| 24 | 储存起点 | DInt | 0 | 2 |
| 25 | 返回值 | Int | 0 | 0 |
| 26 | <新增> | | | |

图 3-71　MOVE_BLK_VARIANT 存储区移动数据监视

## 3.5.5 定时器控制电机正反转实例

### (1) 项目要求

按下启动按钮，电机先以正转运行 30s，然后再以反转运行 30s，依此顺序循环动作，按下停止按钮，电动机停止运行。

### (2) 创建变量表（图 3-72）

默认变量表

| 名称 | 数据类型 | 地址 | 保持 | 从 H... | 从 H... | 在 H... |
|---|---|---|---|---|---|---|
| 启动按钮 | Bool | %I0.0 | ☐ | ☑ | ☑ | ☑ |
| 停止按钮 | Bool | %I0.1 | ☐ | ☑ | ☑ | ☑ |
| 正转 | Bool | %Q0.0 | ☐ | ☑ | ☑ | ☑ |
| 反转 | Bool | %Q0.1 | ☐ | ☑ | ☑ | ☑ |
| 系统启动 | Bool | %M0.0 | ☐ | ☑ | ☑ | ☑ |

图 3-72　创建变量表

### (3) 编写 SCL 程序（图 3-73）

```
"系统启动" := ("启动按钮" OR "系统启动") AND NOT "停止按钮";

"R_TRIG_DB_1"(CLK:="系统启动");

"正转" := ("R_TRIG_DB_1".Q OR "正转" OR "定时器2".Q) AND "系统启动" AND NOT "定时器1".Q ;

"定时器1".TON(IN:="正转",
            PT:=T#30s);

"反转" := ("定时器1".Q OR "反转") AND "系统启动" AND NOT "定时器2".Q;

"定时器2".TON(IN:="反转",
            PT:=T#30s);
```

图 3-73　定时器控制电机正反转 SCL 程序

# 3.6 读写存储器

## 3.6.1 PEEK 读取存储地址

PEEK“读取存储地址”指令，可用来从数据块、输入 I 与输出 Q 以及 M 存储器中读取内容或是向其中写入内容，读取的数据类型默认为字节 BYTE 类型。PEEK“读取存储地址”指令有 4 个参数：

① area 字节型数据（BYTE），表示选择数据读取区域，16＃81 表示输入（I），16＃82 表示输出（Q），16＃83 表示位存储区（M），16＃84 表示数据块（DB），16＃1 表示外设输入。

② dbNumber 双整型数据（DINT），表示读取存储地址的数据块编号，如果读取的不是数据块变量，参数为 0。

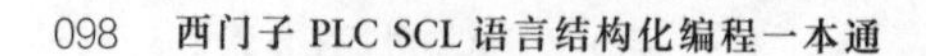

③ byteOffset 双整型数据（DINT），表示读取数据的具体地址。

④ 返回值，字节型数据（BYTE），表示读取数据的存放地址。

指令使用方法举例如图 3-74 所示。

```
"DB_1".变量3:= PEEK(area := 16#82,
                    dbNumber := 0,
                    byteOffset := 2);
```

图 3-74　PEEK 读取存储地址 SCL 程序

启动 PEEK“读取存储地址”指令，将输出 Q 变量的第 2 个字节内部的变量，传送到“"DB_1". 变量 3”字节里面。

本例中 QB2 变量的值为 16＃55，指令执行后将 16＃55 传送到“"DB_1". 变量 3”中，数据监视如图 3-75、图 3-76 所示。

默认变量表

| | 名称 | 数据类型 | 地址 | ... | 可从 ... | 从 H... | 在 H... | 监视值 |
|---|---|---|---|---|---|---|---|---|
| 1 | Q0_byte | Byte | %QB0 | ☐ | ☑ | ☑ | ☑ | 16#00 |
| 2 | Q1_byte | Byte | %QB1 | ☐ | ☑ | ☑ | ☑ | 16#00 |
| 3 | Q2_byte | Byte | %QB2 | ☐ | ☑ | ☑ | ☑ | 16#55 |
| 4 | <添加> | | | ☐ | ☑ | ☑ | ☑ | |

图 3-75　变量表数据监视

DB_1

| | 名称 | 数据类型 | 起始值 | 监视值 |
|---|---|---|---|---|
| 1 | ▼ Static | | | |
| 2 | 变量1 | Byte | 16#0 | 16#00 |
| 3 | 变量2 | Byte | 16#0 | 16#00 |
| 4 | 变量3 | Byte | 16#0 | 16#55 |
| 5 | 变量4 | Byte | 16#0 | 16#00 |
| 6 | 变量5 | Byte | 16#0 | 16#00 |
| 7 | <新增> | | | |

图 3-76　DB 块数据监视

## 3.6.2　PEEK_BOOL 读取存储位

PEEK_BOOL“读取存储位”指令，可用来从数据块、输入 I 与输出 Q 以及 M 存储器任何数据类型中读取 BOOL 数据，读取的数据类型为位 BOOL 类型。

PEEK_BOOL“读取存储位”指令有 5 个参数：

① area 字节型数据（BYTE），表示选择数据读取区域，16＃81 表示输入（I），16＃82 表示输出（Q），16＃83 表示位存储区（M），16＃84

表示数据块（DB），16#1 表示 PLC 的外设输入。

② dbNumber 双整型数据（DINT），表示读取存储地址的数据块编号，如果读取的不是数据块变量，参数为 0。

③ byteOffset 双整型数据（DINT），表示读取数据的具体地址。

④ bitOffset 整型数据（INT），表示读取的具体位数。

⑤ 返回值，位型数据（BOOL），读取数据的存放地址。

指令使用方法举例如图 3-77 所示。

```
"DB_1".返回值:= PEEK_BOOL(area:=16#84,
                          dbNumber:=1,
                          byteOffset:=3,
                          bitOffset:=2);
```

图 3-77　PEEK_BOOL 读取存储位 SCL 程序

启动 PEEK_BOOL“读取存储位”指令，将数据块 DB1 里面的第 3 个字节中的第 2 位数据读取出来，数据存放到“"DB_1". 返回值”里面。

本例中是要读取“"DB_1". 变量 3”中的第 2 位数据，“"DB_1". 变量 3”BEYT 的二进制数据为 2#0000 0100（16#4），第 2 位数据为 1，那么读取处理的数据放到“"DB_1". 返回值”数据也为 1，数据监视如图 3-78 所示。

DB_1

| | 名称 | 数据类型 | 偏移量 | 起始值 | 监视值 |
|---|---|---|---|---|---|
| 1 | ▼ Static | | | | |
| 2 | 变量0 | Byte | 0.0 | 16#0 | 16#00 |
| 3 | 变量1 | Byte | 1.0 | 16#0 | 16#00 |
| 4 | 变量2 | Byte | 2.0 | 16#0 | 16#00 |
| 5 | 变量3 | Byte | 3.0 | 16#0 | 16#04 |
| 6 | 变量4 | Byte | 4.0 | 16#0 | 16#00 |
| 7 | 返回值 | Bool | 5.0 | false | TRUE |

图 3-78　DB 块数据监控

### 3.6.3　POKE 写入存储地址

POKE“写入存储地址”指令，可在不指定数据类型的情况下将存储地址写入标准存储区。POKE“写入存储地址”指令有 4 个参数：

① area 字节型数据（BYTE），表示选择数据写入区域，16#81 表示输入（I），16#82 表示输出（Q），16#83 表示位存储区（M），16#84 表示数据块（DB），16#1 表示 PLC 的外设输入。

② dbNumber 双整型数据（DINT），表示写入存储地址的数据块编号，如果读取的不是数据块变量，参数为 0。

③ byteOffset 双整型数据（DINT），表示写入数据的具体地址。

④ value，多个数据类型通用，表示存放待写入的值。

指令使用方法举例如图 3-79 所示。

```
POKE(area:=16#84,
     dbNumber:=1,
     byteOffset:=2,
     value:="DB_1".待写入数据);
```

图 3-79　POKE 写入存储地址 SCL 程序

启动 PEEK“读取存储地址”指令，将“"DB_1". 待写入数据”里面的数据写入到数字块 DB1 里面的第 2 个数据。第 2 个数据的具体地址要根据“"DB_1". 待写入数据”数据类型长度决定。

本例中“"DB_1". 待写入数据”变量数据类型为 BYTE，里面数据设置为 16＃12，指令执行后将 16＃12 传送到“"DB_1". 变量 2”中，数据监视如图 3-80 所示。

DB_1

| | | 名称 | 数据类型 | 偏移量 | 起始值 | 监视值 |
|---|---|---|---|---|---|---|
| 1 | | ▼ Static | | | | |
| 2 | | ▪ 变量0 | Byte | 0.0 | 16#0 | 16#00 |
| 3 | | ▪ 变量1 | Byte | 1.0 | 16#0 | 16#00 |
| 4 | | ▪ 变量2 | Byte | 2.0 | 16#0 | 16#12 |
| 5 | | ▪ 变量3 | Byte | 3.0 | 16#0 | 16#00 |
| 6 | | ▪ 变量4 | Byte | 4.0 | 16#0 | 16#00 |
| 7 | | ▪ 返回值 | Bool | 5.0 | false | FALSE |
| 8 | | ▪ 待写入数据 | Byte | 6.0 | 16#0 | 16#12 |

图 3-80　POKE 写入存储地址 DB 数据监视

## 3.6.4　POKE_BOOL 写入存储位

POKE_BOOL“写入存储位”指令可用于在不指定数据类型的情况下将存储位写入标准存储位。POKE_BOOL“写入存储位”指令有 4 个参数：

① area 字节型数据（BYTE），表示选择数据写入区域，16＃81 表示输入（I），16＃82 表示输出（Q），16＃83 表示位存储区（M），16＃84 表示数据块（DB），16＃1 表示 PLC 的外设输入。

② dbNumber 双整型数据（DINT），表示写入存储地址的数据块编

号，如果读取的不是数据块变量，参数为 0。

③ byteOffset 双整型数据（DINT），表示写入数据的具体地址。

④ value，位数据类型（BOOL），表示存放待写入的值。

指令使用方法举例如图 3-81 所示。

```
POKE_BOOL(area:=16#84,
          dbNumber:=1,
          byteOffset:=8,
          bitOffset:=2,
          value:="DB_1".待写入位);
```

图 3-81　POKE_BOOL 写入存储位 SCL 程序

启动 POKE_BOOL“写入存储位”指令，将“"DB_1". 待写入位”里面的数据写入到数字块 DB1 里面的偏移量 8 的第 2 位。

本例中“"DB_1". 待写入位”变量数据类型为 BOOL，里面数据设置为 2#1，指令执行后将 2#1 传送到“"DB_1". 位地址［2］”中，数据监视如图 3-82 所示。

| 名称 | 数据类型 | 偏移量 | 起始值 | 监视值 |
|---|---|---|---|---|
| 待写入位 | Bool | 7.0 | false | TRUE |
| ▼ 位地址 | Array[0..9] of Bool | 8.0 | | |
| 位地址[0] | Bool | 8.0 | false | FALSE |
| 位地址[1] | Bool | 8.1 | false | FALSE |
| 位地址[2] | Bool | 8.2 | false | TRUE |
| 位地址[3] | Bool | 8.3 | false | FALSE |
| 位地址[4] | Bool | 8.4 | false | FALSE |
| 位地址[5] | Bool | 8.5 | false | FALSE |
| 位地址[6] | Bool | 8.6 | false | FALSE |
| 位地址[7] | Bool | 8.7 | false | FALSE |
| 位地址[8] | Bool | 9.0 | false | FALSE |
| 位地址[9] | Bool | 9.1 | false | FALSE |

图 3-82　POKE_BOOL 写入存储位数据监视

### 3.6.5　POKE_BLK 写入存储区

使用 POKE_BLK“写入存储区”指令用于在不指定数据类型的情况下将存储位写入不同的存储区。POKE_BLK“写入存储区”指令有 7 个参数：

① area 字节型数据（BYTE），表示选择数据读取区域，16#81 表示输入（I），16#82 表示输出（Q），16#83 表示位存储区（M），16#84 表示数据块（DB）。

② dbNumber 双整型数据（DINT），表示读取存储地址的数据块编号。如果读取的不是数据块变量，参数为 0。

③ byteOffset 双整型数据（DINT），表示读取数据的具体地址。

④ area_dest 字节型数据（BYTE），表示选择数据写入区域，16＃81 表示输入（I），16＃82 表示输出（Q），16＃83 表示位存储区（M），16＃84 表示数据块（DB）。

⑤ dbNumber_dest 双整型数据（DINT），表示写入存储地址的数据块编号。如果读取的不是数据块变量，参数为 0。

⑥ byteOffset_dest 双整型数据（DINT），表示写入数据的具体地址。

⑦ count 双整型数据（DINT），需要传送的字节数。

指令使用方法举例如图 3-83 所示。

```
POKE_BLK(area_src:=16#84,
         dbNumber_src:=1,
         byteOffset_src:=2,
         area_dest:=16#84,
         dbNumber_dest:=2,
         byteOffset_dest:=0,
         count:=2);
```

图 3-83 POKE_BLK 写入存储区 SCL 程序

启动 POKE_BLK“写入存储区”指令，将数据块 DB1 里面的字节 2 开始的数据，写入到数字块 DB2 里面的字节 0 开始的数据里面，传送数量为 2 个字节。

本例中 DB_1 里面字节 2 的数据为 20，字节 3 里面的数据为 30，指令执行后将 20 传送到 DB_2 第 1 个字节，将 30 传送到 DB_2 第 2 个字节，数据监视如图 3-84、图 3-85 所示。

DB_1

| | 名称 | 数据类型 | 偏移量 | 起始值 | 监视值 |
|---|---|---|---|---|---|
| 1 | ▼ Static | | | | |
| 2 | 变量0 | Byte | 0.0 | 16#0 | 16#00 |
| 3 | 变量1 | Byte | 1.0 | 16#0 | 16#10 |
| 4 | 变量2 | Byte | 2.0 | 16#0 | 16#20 |
| 5 | 变量3 | Byte | 3.0 | 16#0 | 16#30 |
| 6 | 变量4 | Byte | 4.0 | 16#0 | 16#40 |

图 3-84 DB_1 块数据监视

DB_2

| | 名称 | 数据类型 | 偏移量 | 起始值 | 监视值 |
|---|---|---|---|---|---|
| 1 | ▼ Static | | | | |
| 2 | 数据1 | Byte | 0.0 | 16#0 | 16#20 |
| 3 | 数据2 | Byte | 1.0 | 16#0 | 16#30 |
| 4 | 数据3 | Byte | 2.0 | 16#0 | 16#00 |

图 3-85 DB_2 块数据监视

## 3.6.6 皮带正向启动逆向停止实例

### (1) 项目要求

皮带运输机传输系统由 M1、M2、M3 三台电机带动。操作顺序如下：

启动时：M3 先启动，5s 后，M2 启动，再 5s 后，M1 启动；

停止时：M1 先停止，5s 后，M2 停止，再 5s 后，M3 停止；

当某台电机故障时，所有电机全部停止，并且蜂鸣器报警。

### (2) 变量表（图 3-86）

默认变量表

| 名称 | 数据类型 | 地址 | 保持 | 可从 ... | 从 H... | 在 H... |
|---|---|---|---|---|---|---|
| 启动按钮 | Bool | %I0.0 | ☐ | ☑ | ☑ | ☑ |
| 停止按钮 | Bool | %I0.1 | ☐ | ☑ | ☑ | ☑ |
| M1故障 | Bool | %I0.2 | ☐ | ☑ | ☑ | ☑ |
| M2故障 | Bool | %I0.3 | ☐ | ☑ | ☑ | ☑ |
| M3故障 | Bool | %I0.4 | ☐ | ☑ | ☑ | ☑ |
| M1电机 | Bool | %Q0.0 | ☐ | ☑ | ☑ | ☑ |
| M2电机 | Bool | %Q0.1 | ☐ | ☑ | ☑ | ☑ |
| M3电机 | Bool | %Q0.2 | ☐ | ☑ | ☑ | ☑ |
| 蜂鸣器 | Bool | %Q0.3 | ☐ | ☑ | ☑ | ☑ |
| 系统启动 | Bool | %M0.0 | ☐ | ☑ | ☑ | ☑ |
| 系统停止 | Bool | %M0.1 | ☐ | ☑ | ☑ | ☑ |

图 3-86 创建变量表

### (3) 编写 SCL 程序（图 3-87）

```
1
2  "系统启动" := ("启动按钮" OR "系统启动") AND NOT  "定时4".Q AND NOT "蜂鸣器";   //系统启动
3
4  "M3电机" := "系统启动" AND NOT  "定时4".Q;                                  //M1启动
5
6  "定时1".TON(IN:="M1电机",
7            PT:=T#5S);        //M2启动延时
8
9  "M2电机" := "定时1".Q AND "系统启动"  AND NOT "定时3".Q ;                    //M2启动
10
11 "定时2".TON(IN:="M2电机",
12           PT:=T#5S);        //M3启动延时
13
14 "M1电机" := "定时2".Q AND "系统启动"  AND NOT "系统停止";                    //M3启动
15
16
17
18 "系统停止" := ("停止按钮" OR "系统停止") AND NOT "启动按钮" AND NOT "蜂鸣器";  //系统停止
19
20 "定时3".TON(IN:="系统停止",
21           PT:=T#5S);        //M2停止延时
22
23 "定时4".TON(IN:="定时3".Q,
24           PT:=T#5S);        //全部停止延时
25
26 "蜂鸣器" := "M1故障" OR "M2故障" OR "M3故障";
```

图 3-87 皮带正向启动逆向停止 SCL 程序

# 3.7 转换操作

## 3.7.1 CONVERT 转换值

使用 CONVERT“转换值”指令可设定显式转换。插入该指令时，“转换”（CONVERT）对话框打开，可在此对话框中指定转换的源数据类型和目标数据类型。该指令将读取源值并将其转换为指定的目标数据类型。指令使用方法和监视如图 3-88 所示。

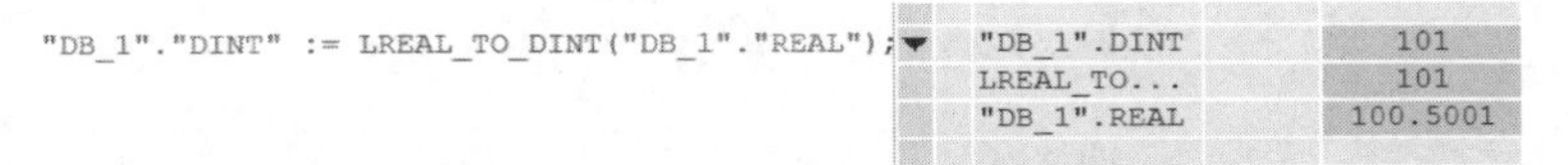


图 3-88　CONVERT 转换值 SCL 程序及监视

启动 CONVERT“转换值”指令，将数据块 DB1 里面 REAL 实数数据“"DB_1"."REAL"”转换成 DINT 双整数，并保存在“"DB_1"."DINT"”中。

本例中“"DB_1"."REAL"”的数据为 100.5001，指令执行后将 100.5001 转换成整数 101，并保存在"DB_1"."DINT"中。

## 3.7.2 ROUND 取整

ROUND“取整”指令用于将输入 IN 的值取整为最接近的整数（小数点后四舍五入）。该指令将输入 IN 的值解释为浮点数，并将其转换为一个整数或浮点数。如果输入值恰好是在一个偶数和一个奇数之间，则选择偶数。指令使用方法和监视如图 3-89 所示。

```
"DB_1"."DINT" := ROUND("DB_1"."REAL");
```

| | |
|---|---|
| "DB_1".DINT | 101 |
| ROUND | 101 |
| "DB_1".REAL | 100.5001 |

图 3-89　ROUND 取整 SCL 程序及监视

启动 ROUND“取整”指令，将数据块 DB1 里面 REAL 实数数据“"DB_1"."REAL"”转换成 DINT 双整数，并保存在“"DB_1"."DINT"”中。

本例中“"DB_1"."REAL"”的数据为 100.5001，指令执行后将 100.5001 转换成整数 101，并保存在"DB_1"."DINT"中。

### 3.7.3 NORM_X 标准化

NORM_X“标准化”指令可通过将输入 VALUE 中变量的值映射到线性标尺对其进行标准化。参数 MIN 和 MAX 定义应用于该标尺的值范围的限值。输出 OUT 中的结果经过计算并存储为浮点数，具体取决于要标准化的值在该值范围中的位置。如果要标准化的值等于输入 MIN 中的值，则输出 OUT 将返回值“0.0”。如果要标准化的值等于输入 MAX 的值，则输出 OUT 返回值“1.0”，如图 3-90 所示。

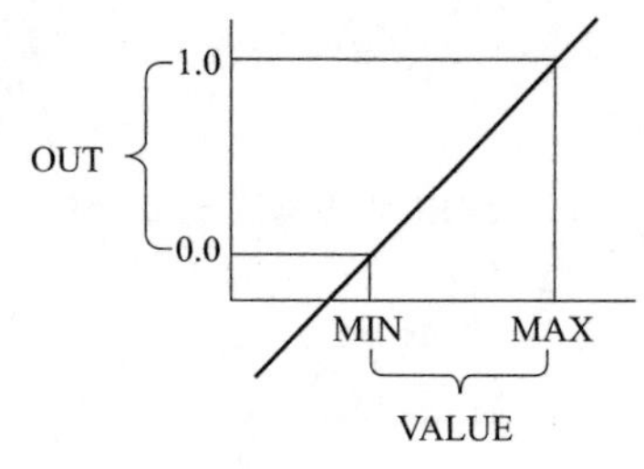


图 3-90　标准化原理示意图 1

“标准化”指令通过以下公式进行计算：

OUT=(VALUE－MIN)/(MAX－MIN)

原理如图 3-91 所示。

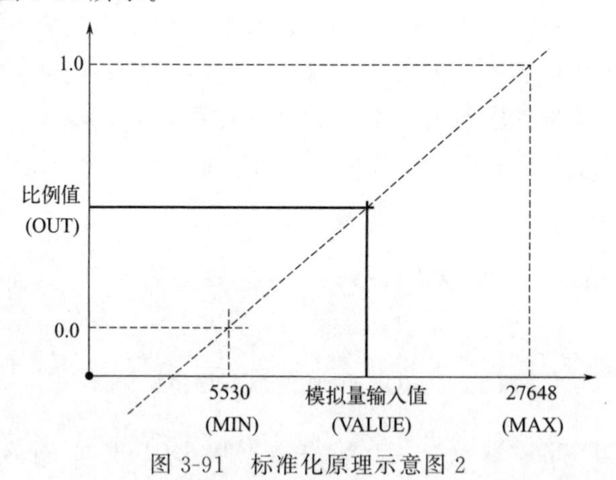


图 3-91　标准化原理示意图 2

指令使用方法和监视如图 3-92 所示。

启用上面的 NORM_X 标准化指令，MIN 下限参数值为 5530，MAX 上限值为 27648，VALUE 要标准化的值为实际值 16589，OUT 的比例值结果为 0.5。

```
"标准化比例值":=
NORM_X(MIN :=5530,
       VALUE := "输入模拟量值",
       MAX := 27648);
```

| | | |
|---|---|---|
| | "标准化比例值" | 0.5 |
| | NORM_X | 0.5 |
| | "输入模拟量值" | 16589 |

图 3-92　NORM_X 标准化 SCL 程序及监视

### 3.7.4　SCALE_X 缩放

SCALE_X“缩放”指令，通过将输入 VALUE 的值映射到指定的值范围内对该值进行缩放。当执行“缩放”指令时，输入 VALUE 的浮点值会缩放到由参数 MIN 和 MAX 定义的值范围。缩放结果为整数，存储在 OUT 输出中，如图 3-93 所示。

图 3-93 举例说明如何缩放值：

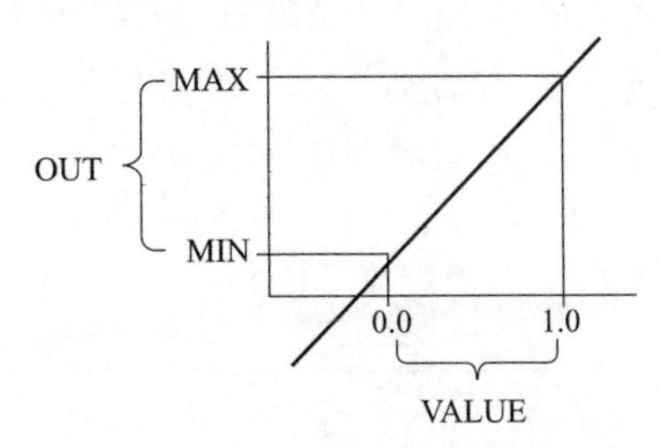


图 3-93　缩放原理示意图 1

“缩放”指令将按以下公式进行计算：

$$OUT=[VALUE\times(MAX-MIN)]+MIN$$

原理如图 3-94 所示。

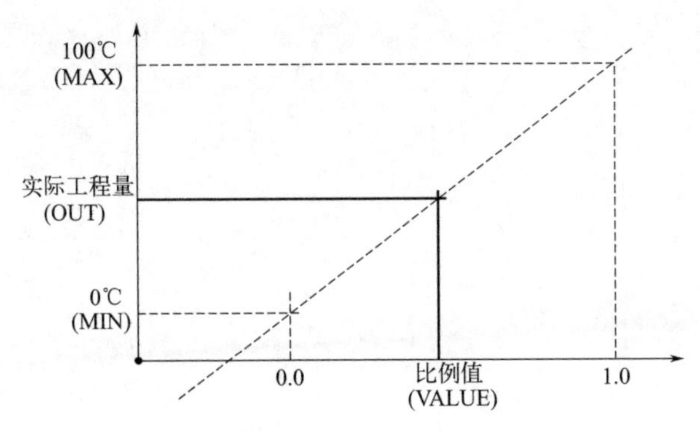


图 3-94　缩放原理示意图 2

指令使用方法和监视如图 3-95 所示。

```
"实际温度":=
SCALE_X(MIN := 0,
        VALUE := "标准化比例值",
        MAX := 100);
```

| | |
|---|---|
| "实际温度" | 16#003C |
| SCALE_X | 50 |
| "标准化比例值" | 0.5 |

图 3-95　SCALE_X 缩放 SCL 程序及监视

启用上面的 SCALE_X 缩放指令，MIN 下限参数值为 0，MAX 上限值为 100，VALUE 要缩放的值比例为 0.5，OUT 的比例值结果为 50。

### 3.7.5　送料小车程序实例

**(1) 项目要求**

某公司送料小车的动作工艺流程如下。启动后小车自动来回运行，先在左边装料，10s 后料装完，再到右边卸料，10s 后料卸完。设备循环运行，直到按下停止按钮。

要求每台运料小车需要有启动指示、停止指示，需知每台运料小车运行次数、总运料数量和平均运料数量。如图 3-96 所示。

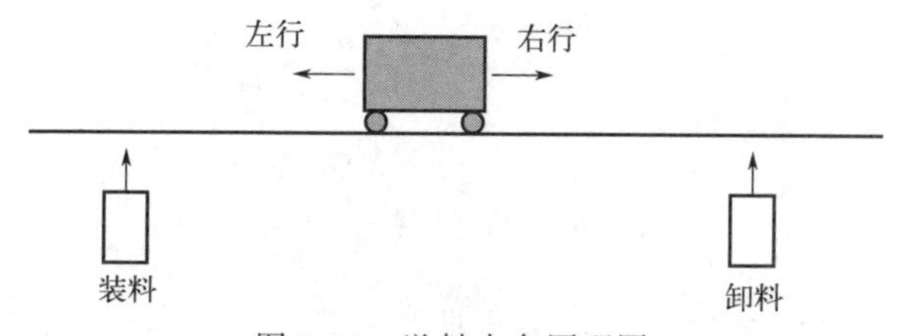


图 3-96　送料小车原理图

**(2) 创建变量表（图 3-97）**

变量表_1

| 名称 | 数据类型 | 地址 | 保持 | 可从 ... | 从 H... | 在 H... |
|---|---|---|---|---|---|---|
| 启动按钮SB1 | Bool | %I0.0 | ☐ | ☑ | ☑ | ☑ |
| 停止按钮SB2 | Bool | %I0.1 | ☐ | ☑ | ☑ | ☑ |
| 正转 | Bool | %Q0.1 | ☐ | ☑ | ☑ | ☑ |
| 反转 | Bool | %Q0.2 | ☐ | ☑ | ☑ | ☑ |
| 装料位感应 | Bool | %I0.4 | ☐ | ☑ | ☑ | ☑ |
| 卸料位感应 | Bool | %I0.5 | ☐ | ☑ | ☑ | ☑ |
| 设备已经启动 | Bool | %M10.0 | ☑ | ☑ | ☑ | ☑ |
| 装料开始 | Bool | %M10.1 | ☑ | ☑ | ☑ | ☑ |
| 装料结束 | Bool | %M10.2 | ☑ | ☑ | ☑ | ☑ |
| 卸料开始 | Bool | %M10.3 | ☑ | ☑ | ☑ | ☑ |
| 卸料结束 | Bool | %M10.4 | ☑ | ☑ | ☑ | ☑ |
| 正转开始 | Bool | %M10.5 | ☑ | ☑ | ☑ | ☑ |
| 送料完成 | Bool | %M10.6 | ☑ | ☑ | ☑ | ☑ |
| 送料次数 | DInt | %MD100 | ☑ | ☑ | ☑ | ☑ |
| 计数开始 | Bool | %M11.0 | ☑ | ☑ | ☑ | ☑ |
| 送料次数显示 | DInt | %MD104 | ☑ | ☑ | ☑ | ☑ |

图 3-97　送料小车变量表

### (3) 编写 SCL 程序（图 3-98）

```
1
2 "R_TRIG_DB_3"(CLK:="设备已经启动",
3               Q=>"正转开始");
4
5 "R_TRIG_DB_4"(CLK:="送料完成",
6               Q=>"计数开始");
7
8 "IEC_Timer_0_DB_4".TON(IN:="装料开始" ,
9                        PT:=T#10s,
10                       Q=>"装料结束");
11
12 "IEC_Timer_0_DB_5".TON(IN:="卸料开始",
13                        PT:=T#10s,
14                        Q=>"卸料结束");
15


16 "设备已经启动":=("启动按钮SB1" OR "设备已经启动" ) AND NOT "停止按钮SB2";
17 //设备启动
18 //
19 "正转" := ("正转开始" OR "正转" OR "送料完成" OR "设备已经启动") AND NOT "停止按钮SB2" AND NOT "装料开始";
20 //小车正转
21
22 "装料开始" := ("装料位感应" OR "装料开始") AND NOT  "停止按钮SB2" AND NOT "反转";
23     //小车开始装料
24     //
25 "反转" := ("装料结束" OR "反转") AND NOT "停止按钮SB2" AND NOT "卸料开始";
26 //小车反转
27 //
28 "卸料开始" :=( "卸料位感应" OR "卸料开始") AND NOT "停止按钮SB2" AND NOT "送料完成";
29     //小车卸料
30     //
31 "送料完成" := ("卸料结束" OR "送料完成") AND NOT "停止按钮SB2" AND NOT "正转";
32
33 IF "计数开始" THEN
34     "送料次数" := "送料次数" + 1;
35 END_IF;
36     //循环计数
```

图 3-98 送料小车 SCL 程序

# 第4章 SCL编程基本语法

# 4.1 IF 语句

## 4.1.1 IF 语句介绍

IF 语句又叫条件执行语句，即当条件成立时执行某个结果。SCL 语言编程中，IF 语句使用频率很高，同时也最简单。

使用“条件执行”IF 语句，可以根据条件控制程序执行。具体执行过程，会对指定的条件表达式进行运算，如果表达式的值为 TRUE，则表示满足该条件；如果其值为 FALSE，则表示不满足该条件。位表达式、逻辑表达式以及比较表达式都可以作为条件。IF 语句分为：单 IF 语句、双 IF 语句、多分支 IF 语句、多嵌套 IF 语句。

## 4.1.2 单 IF 语句用法

① 单 IF 语句的用法如下。

IF…THEN…END_IF;　　　　//如果……那么……结束语;

② 单 IF 语句编程举例如图 4-1 所示。

单 IF 语句是最基本的 IF 语句，图 4-1 中如果变量“A”大于 100，那么给变量“C”赋值 40。

```
IF "A" > 100 THEN
    "C" := 40;
END_IF;
//如果A大于100，那么C的值为40
```

图 4-1　单 IF 语句

## 4.1.3 双 IF 语句用法

① 双 IF 语句的用法如下。

IF…THEN…ELSE…END_IF;　　　　//如果……那么……否则……结束语

② 双 IF 语句编程举例如图 4-2 所示。

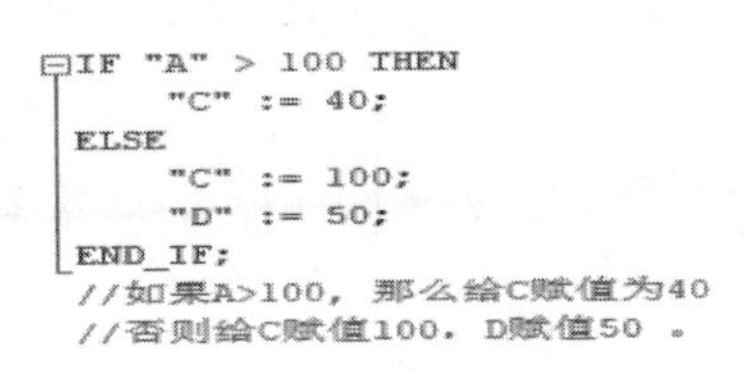


图 4-2　双 IF 语句

# 4.2 多分支和多嵌套语句

## 4.2.1 多分支 IF 语句

① 多分支 IF 语句的用法如下。

IF…THEN…ELSIF…THEN…END_IF； 如果……那么……否则如果……那么……结束语

这是多分支 IF 语句的基本语法，在实际编程的时候，可以根据程序控制需求扩展分支的数量。

② 多分支 IF 语句执行流程图，如图 4-3 所示。

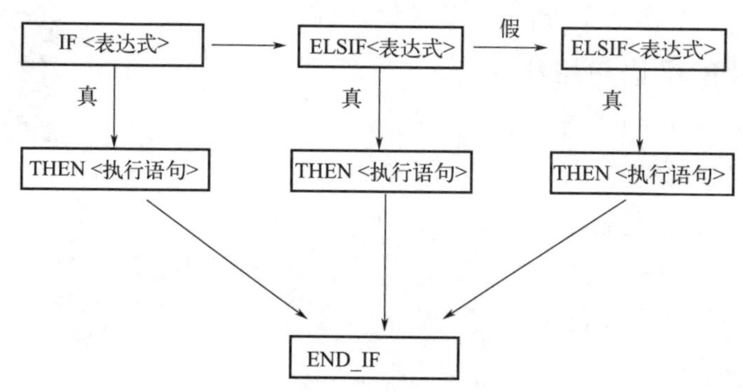


图 4-3 多分支 IF 语句执行流程

通过流程图我们可以看出，多分支 IF 语句第一步是判定 IF 后面的表达式，如果成立则执行语句中第一个 THEN 后面的执行语句；如果不成立则判定 ELSIF 后面的表达式，当成立的时候执行 THEN 后面的执行语句，如果不成立则继续判断 ELSIF 后面的表达式，如果成立就执行 THEN 后面的执行语句，如果不成立则……

## 4.2.2 多分支 IF 语句梯形图与 SCL 语句对比

① 多分支 IF 语句案例对应的梯形图如图 4-4 所示。

② 对应图 4-4 中多分支 IF 语句案例梯形图，SCL 程序如图 4-5 所示。

③ 多分支 IF 语句程序讲解。通过梯形图和 SCL 程序，分析控制流程。

a. 程序判断“按钮 1”的状态如果为 TRUE，那么执行“"A"：=

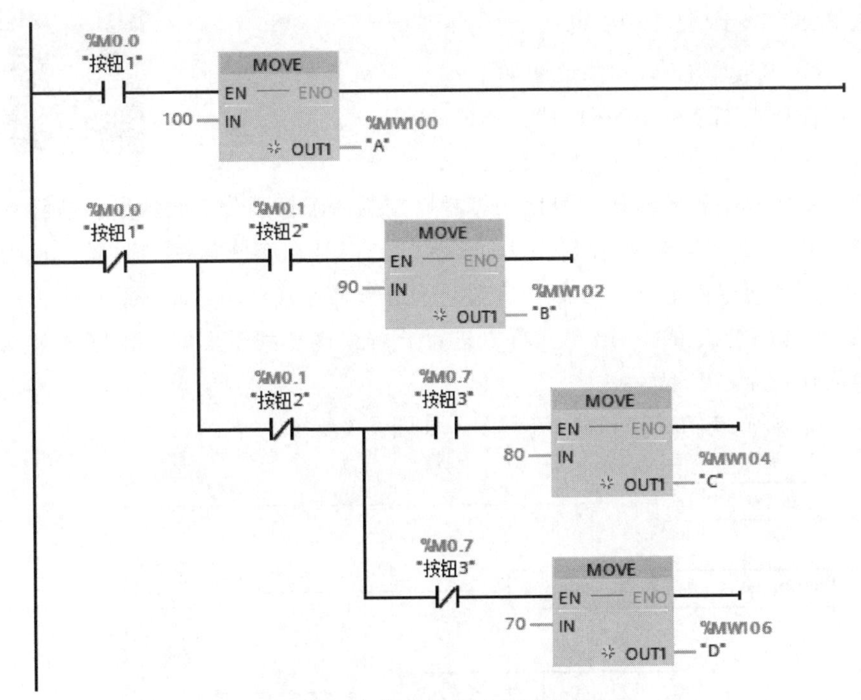


图 4-4　多分支 IF 语句梯形图编程

```
IF "按钮1" THEN
    "A" := 100;
ELSIF "按钮2" THEN
    "B" := 90;
ELSIF "按钮3" THEN
    "C" := 80;
ELSE
    "D" := 70;
END_IF;
```

图 4-5　多分支 IF 语句 SCL 编程

100”；如果“按钮 1”的状态为 FALSE，那么继续判断“按钮 2”的状态。

b. 如果“按钮 2”的状态为 TRUE，那么执行““B”：=90”；如果“按钮 2”的状态也为 FALSE，那么继续判断“按钮 3”的状态。

c. 如果“按钮 3”的状态为 TRUE，那么执行““C”：=80”；如果“按钮 3”也为 FALSE，那么所有的判断条件都为 FALSE，此时执行““D”：=70”。

### 4.2.3 多嵌套 IF 语句

① 多嵌套 IF 语句的语法如下。

IF…THEN…IF…THEN…END_IF…；如果……那么……如果……那么……结束语

在实际编程的时候，可以根据程序控制需求扩展分支的数量。这种多层嵌套的 IF 语句，理论上可以实现多层，但是在实际运用的时候，很少需要用到四层以上，一方面是这不利于逻辑思考，另一方面一般程序也用不上。超过多层的 IF 语句，可以进行分解，这样利于理解，程序也会变得清晰易懂。

② 多嵌套 IF 语句执行流程图，如图 4-6 所示。

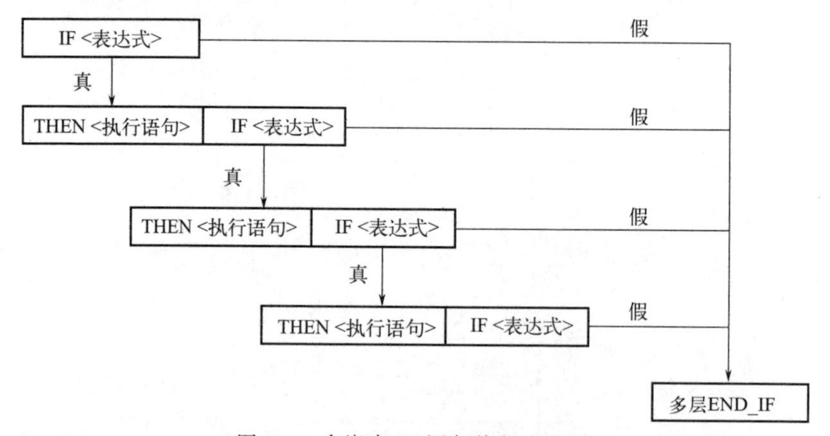


图 4-6 多嵌套 IF 语句执行流程图

从流程图可以看到前面的判断条件为后面判断条件的基础，也就是说当前面的 IF 语句条件成立的时候，执行对应的执行语句同时判断后面的 IF 语句条件，以此类推。

### 4.2.4 多嵌套 IF 语句梯形图与 SCL 语句对比

① 多嵌套 IF 语句案例对应的梯形图如图 4-7 所示。

② 对应图 4-7 中多嵌套 IF 语句案例梯形图，SCL 程序如图 4-8 所示。

图 4-7 和图 4-8 所呈现的嵌套程序逻辑如下。

① 当“按钮 1”的状态为 FALSE 时，后面的程序都不执行，如果“按钮 1”的状态为 TRUE，执行语句“"A"：=100”，同时判断“按钮 2”的状态。

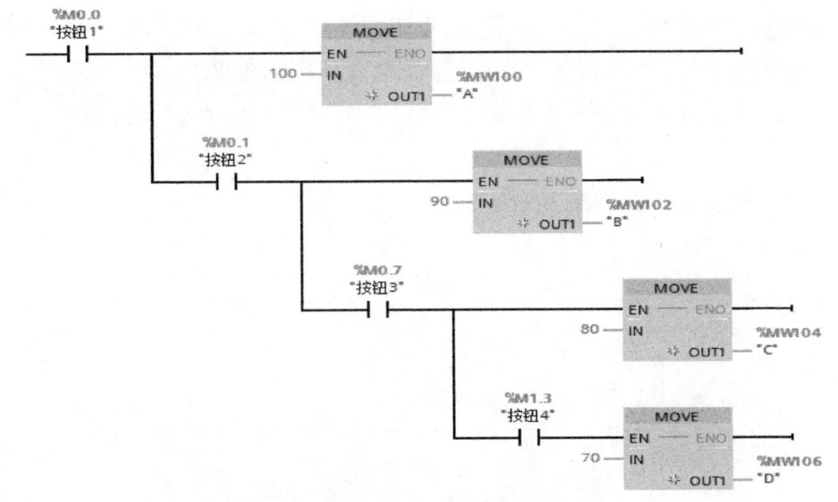


图 4-7　多嵌套 IF 语句梯形图程序

```
IF "按钮1" THEN
    "A" := 100;
    IF "按钮2" THEN
        "B" := 90;
        IF "按钮3" THEN
            "C" := 80;
            IF "按钮4" THEN
                "D" := 70;
            END_IF;
        END_IF;
    END_IF;
END_IF;
```

图 4-8　多嵌套 IF 语句 SCL 程序

② 如果“按钮 2”的状态为 FALSE，程序结束，“按钮 2”的状态为 TRUE，那么执行“"B"：=90”，同时判断“按钮 3”的状态。

③ 如果“按钮 3”的状态为 FALSE，程序结束，“按钮 2”的状态为 TRUE，那么执行“"C"：=80”，同时判断“按钮 4”的状态。

④ 如果“按钮 4”的状态为 FALSE，程序结束，“按钮 4”的状态为 TRUE，那么执行“"D"：=70”，程序结束。

## 4.3　IF 语句拆解实例

**（1）项目要求**

新手做项目尽量少用多层嵌套或多层分支，因为 IF 分支过多不利于逻辑思考。推荐初学者用一些简单的 IF 语句展示复杂的逻辑关系，这样可以避免很多错误，相对而言也会降低编写程序的难度。

下面示范如何将一个多嵌套 IF 语句拆解成常规的单分支或双分支 IF 语句。

**(2) 复杂梯形图程序（图 4-9）**

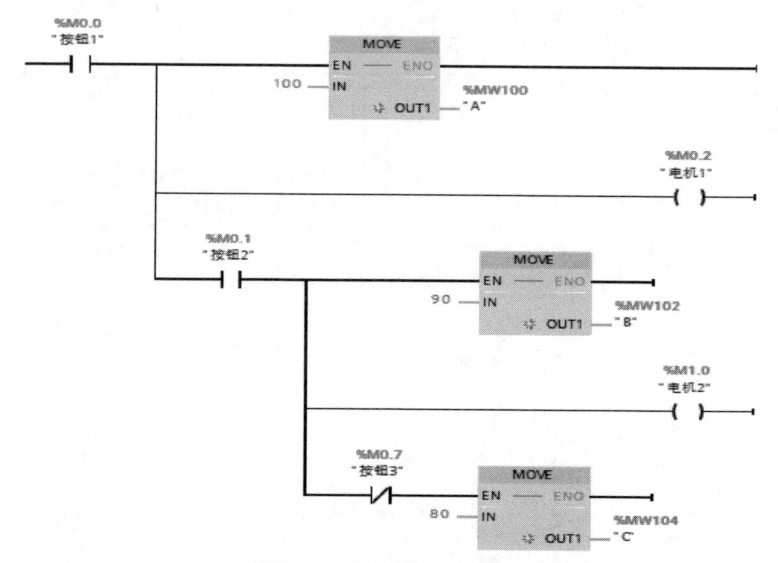


图 4-9　复杂梯形图程序

**(3) 用 SCL 语言拆解复杂梯形图程序（图 4-10）**

图 4-9、图 4-10 展示了如何将复杂的梯形图程序用 SCL 语言转换成多个简单的 IF 语句，当然程序的拆解方法有很多，使用哪种方法因人因时而异，这里的拆解只是分享笔者个人的编程思维。

```
IF "按钮1" THEN
    "A" := 100;
    "电机1" := TRUE;
ELSE
    "电机1" := FALSE;
END_IF;
IF "按钮1" AND "按钮2" THEN
    "B" := 90;
    "电机2" := TRUE;
ELSE
    "电机2" := FALSE;
END_IF;
IF "按钮1" AND "按钮2" AND NOT "按钮3" THEN
    "C" := 80;
    END_IF;
```

图 4-10　拆解后的 SCL 程序

# 4.4 多层 IF 语句嵌套实例

**（1）项目要求**

将图 4-11 所示的梯形图程序用 SCL 语言中的多分支多嵌套 IF 语句和简单 IF 语句进行呈现。

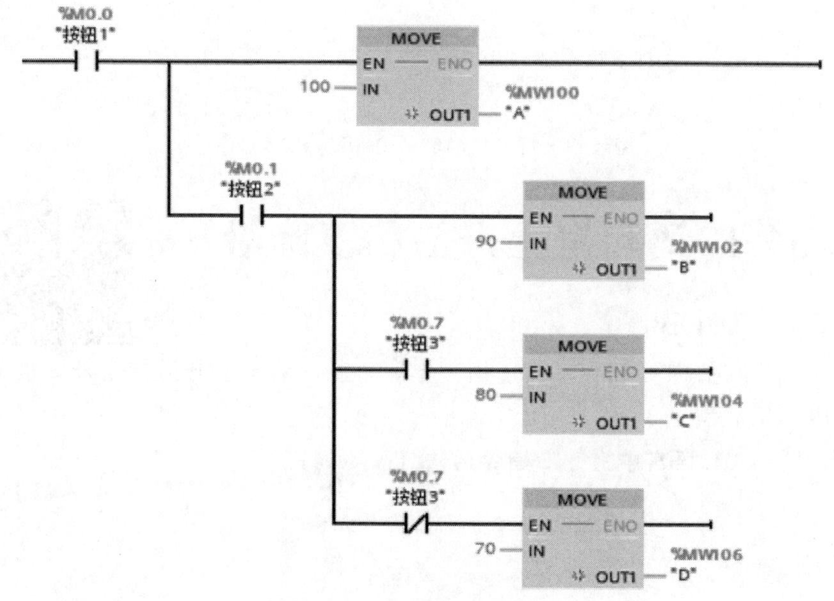


图 4-11 梯形图程序示例

**（2）多分支多嵌套 IF 语句 SCL 程序（图 4-12）**

```
IF "按钮1" THEN
    "A" := 100;
    IF "按钮2" THEN
        "B" := 90;
        IF "按钮3" THEN
            "C" := 80;
        ELSE
            "D" := 70;
            END_IF;
        END_IF;
    END_IF;
```

图 4-12 多分支多嵌套 SCL 程序

**(3) 拆解后的简单 IF 语句 SCL 程序（图 4-13）**

```
IF "按钮1" THEN
    "A" := 100;
END_IF;
IF "按钮1" AND "按钮2" THEN
    "B" := 90;
END_IF;
IF "按钮1" AND "按钮2" AND  "按钮3" THEN
    "C" := 80;
END_IF;
IF "按钮1" AND "按钮2" AND NOT "按钮3" THEN
    "D" := 70;
END_IF;
```

图 4-13　拆解后的简单 IF 语句 SCL 程序

# 4.5　IF 语句写上升沿和下降沿

## 4.5.1　上升沿

上升沿在 PLC 编程里面使用频率非常高，除了上升沿指令外，也可以用 SCL 语言的 IF 语句写上升沿。

**(1) SCL 语言中上升沿指令用法（图 4-14）**

```
"R_TRIG_DB_1"(CLK:="按钮1",
              Q=>"计数开始");
IF "计数开始" THEN
    "A" := 100;
END_IF;
```

图 4-14　上升沿指令 SCL 程序

**(2) 用 IF 语法编程上升沿程序（图 4-15）**

```
IF "按钮1" AND NOT "数据块_1".上升沿状态[1] THEN

    "A" := 100;

END_IF;
"数据块_1".上升沿状态[1] := "按钮1";
```

图 4-15　IF 语句编写上升沿指令 SCL 程序

图 4-15 中的程序原理分析如下：

① 在“按钮 1”接通的一瞬间，由于“NOT"数据块_1". 上升沿状态[1]”是常闭触点，“"A"：=100；”执行，IF 语句结束。

② 下一步程序是一个赋值语句，此时的“按钮 1”的值是接通的，所以将“按钮 1”的值赋值到“"数据块_1". 上升沿状态［1］”中。

③ 在下一个扫描周期中，IF 语句的条件“"数据块_1". 上升沿状态［1］”的状态为 TRUE，那么“NOT"数据块_1". 上升沿状态［1］”的结果就为 FALSE，此时条件是不成立的。

④ 这段程序只执行一个扫描周期，符合上升沿指令的运行要求，所以这就是一个上升沿指令。

### 4. 5. 2　下降沿

**(1) SCL 语言中下降沿指令用法（图 4-16）**

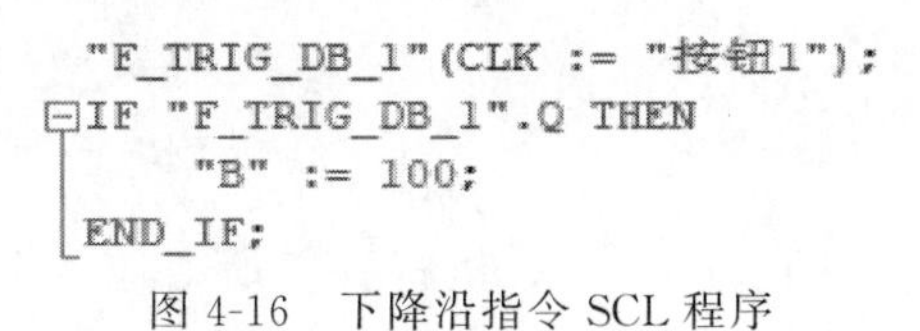

```
"F_TRIG_DB_1"(CLK := "按钮1");
IF "F_TRIG_DB_1".Q THEN
    "B" := 100;
END_IF;
```

图 4-16　下降沿指令 SCL 程序

**(2) 用 IF 语句编写下降沿程序（图 4-17）**

```
IF NOT "按钮1" AND  "数据块_1".下降沿状态[1] THEN

    "A" := 900;

END_IF;
"数据块_1".下降沿状态[1] :=  "按钮1";
```

图 4-17　IF 语句编写下降沿指令 SCL 程序

图 4-17 中的程序原理分析如下：

①“按钮 1”接通，“"数据块_1". 下降沿状态［1］”也处于一种接通状态。“按钮 1”接通时，“NOT"按钮 1"”的值是 FALSE，所以条件不成立。

②“按钮 1”断开的一瞬间，“NOT"按钮 1"”的值是 TRUE，“"数据块_1". 下降沿状态［1］”的值还是 TRUE，所以条件成立，程序执行。

③ IF 语句执行完后，“"数据块_1". 下降沿状态［1］”的值，就会被赋 0，在下一个扫描周期中，IF 语句的条件不成立。

④ 这段程序在“按钮 1”断开的时候只执行一个扫描周期，符合下降

沿指令的运行要求，所以这就是一个下降沿指令。

# 4.6 CASE 语句

## 4.6.1 CASE 语句的语法

```
CASE<整型变量>  OF
      常量 1:<语句块>
      常量 2:<语句块>
      常量 3:<语句块>
      ……
      ELSE  <语句块>
END_CASE;
```

当<整形变量>的值改变时，执行其值所对应的分支；当<整形变量>的值为 1 时，执行常量 1 后面的语句块；当<整形变量>的值为 2 时，执行常量 2 后面的语句块；以此类推。分支数量取决于具体的程序，程序会根据<整形变量>的值选择对应的分支执行。

CASE 语句执行原理如图 4-18 所示。

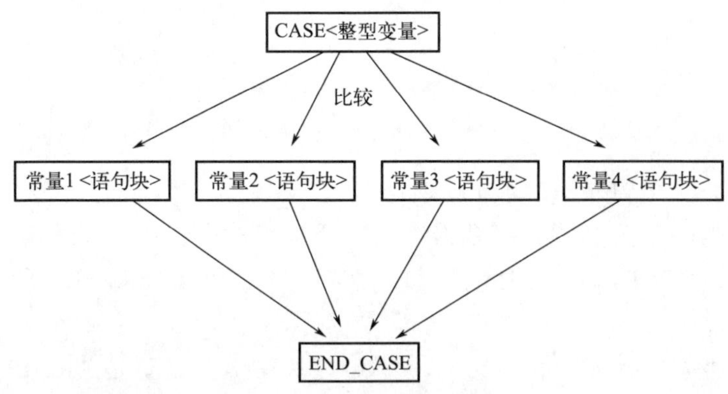


图 4-18　CASE 语句执行原理

## 4.6.2 CASE 语句的用法

使用 CASE 语句，首先计算整型变量的值，再将值逐个与下面的常量相比较，当整型变量的值与常量的值相等时，执行对应的分支语句块。如果整型变量的值与常量的

值都不同，则执行 ELSE 后面的分支语句块。CASE 语句同一时间只执行一个分支语句块。具体案例如图 4-19 所示。

```
CASE "INT1" OF
    10:
        "电机1" := TRUE;
    20:
        "电机2" := TRUE;
    30:
        "电机3" := TRUE;
    ELSE
        "电机1" := FALSE;
        "电机2" := FALSE;
END_CASE;
```

图 4-19 CASE 语句 SCL 程序

当“INT1”（常数）的值为 10 的时候，变量“电机 1”执行；当“INT1”（常数）的值为 20 的时候，变量“电机 2”执行；当“INT1”（常数）的值为 30 的时候，变量“电机 3”执行；当“INT1”（常数）的值不是 10、20、30 的时候，把“电机 1”和“电机 2”进行复位。

### 4.6.3 CASE 语句使用实例

**（1）项目要求**

有一台自动取货货架，货架有 5 格可存放物品，取货者每人有一个取货号，要求当取货号输入正确时，对应的货架门就打开，每次只能打开一格。

**（2）编程思路**

取货号地址：INT1

货格门电机：电机 1～电机 5

当取货号与货格门对应正确时，货格门电机接通执行 5s，将门打开。

**（3）创建变量表（图 4-20）**

默认变量表

| | | 名称 | 数据类型 | 地址 | 保持 | 可从 ... | 从 H... | 在 H... |
|---|---|---|---|---|---|---|---|---|
| 1 | ◀ | 电机1 | Bool | %Q0.5 | ☐ | ☑ | ☑ | ☑ |
| 2 | ◀ | 电机2 | Bool | %Q0.6 | ☐ | ☑ | ☑ | ☑ |
| 3 | ◀ | 电机3 | Bool | %Q0.7 | ☐ | ☑ | ☑ | ☑ |
| 4 | ◀ | 电机4 | Bool | %Q1.0 | ☐ | ☑ | ☑ | ☑ |
| 5 | ◀ | 电机5 | Bool | %Q1.1 | ☐ | ☑ | ☑ | ☑ |
| 6 | ◀ | INT1 | Int | %MW100 | ☐ | ☑ | ☑ | ☑ |
| 7 | ◀ | 门已经打开 | Bool | %M1.6 | ☐ | ☑ | ☑ | ☑ |

图 4-20 变量表

**(4) 编写 SCL 程序（图 4-21）**

```
1
2 "IEC_Timer_0_DB_1".TON(IN := "电机1" OR "电机2" OR "电机3" OR "电机4" OR "电机5",
3                        PT := T#10S,
4                        Q => "门已经打开");
5 IF "门已经打开" THEN
6     "INT1" := 0;
7 END_IF;
8
9  CASE "INT1" OF
10     1:
11         "电机1" := 1;
12     2:
13         "电机2" := 1;
14     3:
15         "电机3" := 1;
16     4:
17         "电机4" := 1;
18     5:
19         "电机5" := 1;
20     ELSE
21         "电机1" := 0;
22         "电机2" := 0;
23         "电机3" := 0;
24         "电机4" := 0;
25         "电机5" := 0;
26  END_CASE;
27
```

图 4-21　CASE 语句 SCL 编程

图 4-21 的程序中"INT1"就是存放编号的变量，10、20、30 就是快递编号，当然这里的编号可以根据自己的要求随意变更。实际的快递取货柜可能更复杂，使用的是活码，这里只需理解 CASE 的编程思维。

# 4.7　工作台往返控制实例

**(1) 项目要求**

有一个工作平台，用皮带传送，如图 4-22 所示。传送带首端按钮 S1 用于启动电机点动运行，S2 用于急停。在传送带的末端也有两个按钮，S3 用于启动电机点动运行，S4 用于急停。从任何一端都可启动或停止传送带运行。电机上有个热过载保护，用于过载保护。电机运行的时候，绿色指示灯亮，过载保护的时候红色指示灯亮。

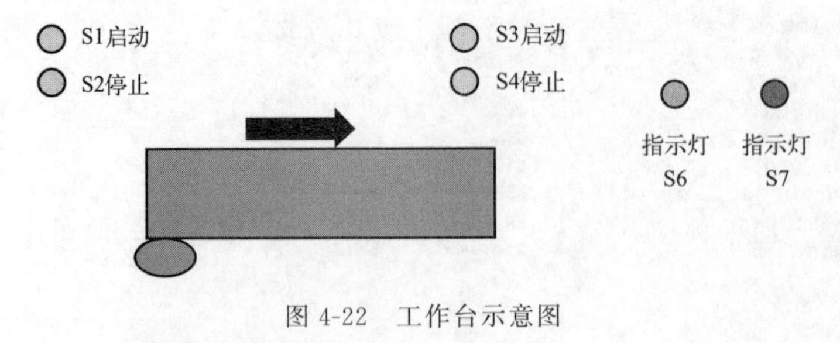


图 4-22　工作台示意图

(2) 编写 SCL 程序 1(图 4-23)

```
"电机" := ("S1启动按钮" OR "S3启动按钮")AND NOT "S2急停按钮" AND NOT "S4急停按钮" AND NOT "热过载";
                                          //电机运行控制
"指示灯绿":= "电机";              //运行绿灯指示
"指示灯红" :=  "热过载"  ;         //报警红灯指示
```

图 4-23 工作台 SCL 程序 1

(3) 编写 SCL 程序 2(图 4-24)

```
IF ( "S1启动按钮" OR "S3启动按钮") AND NOT "S2急停按钮" AND NOT "S4急停按钮" AND NOT "热过载保护"
THEN
    "电机" := true;
ELSE
    "电机" := FALSE;
END_IF;                              //电机控制

IF "电机" THEN
    "指示灯绿" := TRUE;
ELSE
    "指示灯绿" := FALSE;
END_IF;                              //运行绿灯指示

IF "热过载保护" THEN
    "指示灯红" := TRUE;
ELSE
    "指示灯红" := FALSE;
END_IF;                              //报警红灯指示
```

图 4-24 工作台 SCL 程序 2

# 4.8 FOR 循环语句

## 4.8.1 FOR 语句介绍

(1) FOR 指令语法结构

```
FOR<执行变量>:=<起始值>TO<结束值>BY<增量>DO
<语句块>
END_FOR;
```

(2) 参数说明

<执行变量>是一个整型变量 INT,用于存储循环的次数。

＜起始值＞是一个整型数据，表示循环的开始值，一般用 0 或 1 比较多。

＜结束值＞也是一个整型数据，可以用常量也可以用变量，表示循环的结束值，直接决定循环的次数。

＜增量＞是一个常量，表示的是每次循环的增加值。

当 FOR 的条件成熟开始执行循环，从＜起始值＞开始，每次循环都加＜增量＞，每次执行的结果都放到＜执行变量＞，直到＜结束值＞超出＜执行变量＞为止，循环结束。

## 4.8.2 增量循环

### (1) 增量循环用法案例（图 4-25）

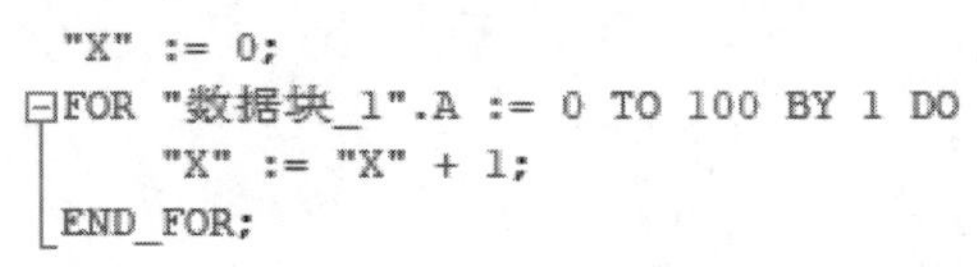


图 4-25 FOR 语句增量循环计算

### (2) 程序讲解

图 4-25 程序中，变量“X”是 INT 整型数据，存放计算的结果。由于 PLC 程序是扫描执行的，此 FOR 循环没有执行条件，PLC 每次扫描都会执行一次 FOR 循环。为确保计算的准确，FOR 循环程序在每次执行前都要将变量“X”清零。

当 FOR 的条件成熟开始执行循环，循环次数从 0 开始到 100 每次加 1。所以“"数据块_1". A”的值也是从 0 开始，每次都加 1，直到变量“"数据块_1". A”的值大于 100 时，循环结束。每次循环都执行语句“"X"：="X"+1”，执行 101 次。

可以看到，＜执行变量＞是一个变量，“"数据块_1". A”＜起始值＞为 0，＜结束值＞为 100，＜增量＞为 1。起始值＜结束值，增量为正数。

＜执行变量＞＝＜起始值＞＋增量 1＋增量 2＋…＋增量 $n$

总结 FOR 增量语句的执行规则如下。

如果：执行变量＜＝结束值；

那么：循环执行语句块；

如果：执行变量＞结束值；

那么：循环结束；

循环次数＝$n$。

## 4.8.3 减量循环

**（1）减量循环用法案例（图 4-26）**

```
"X" := 0;
FOR "数据块_1".A := 100 TO 0 BY -1 DO
    "X" := "X"+ 1;
END_FOR;
```

图 4-26 FOR 语句减量循环计算

**（2）程序讲解**

图 4-26 程序中，变量“X”是 INT 整型数据，存放计算的结果。由于 PLC 程序是扫描执行的，此 FOR 循环没有执行条件，PLC 每次扫描都会执行一次 FOR 循环。为确保计算的准确，FOR 循环程序在每次执行前都要将变量“X”清零。

当 FOR 的条件成熟开始执行循环，循环次数从 100 开始到 0 每次减 1。“"数据块_1". A”的值也是从 100 开始，每次循环都减 1。直到变量“"数据块_1". A”的值小于 0 时，循环结束。每次循环都执行语句“"X"：＝"X"＋1”，执行 101 次。

可以看到，＜执行变量＞是一个变量“"数据块_1". A”，＜起始值＞为 100，＜结束值＞为 0，＜增量＞为－1。起始值＞结束值，增量为负数。

＜执行变量＞＝＜起始值＞＋增量 1＋增量 2＋…＋增量 $n$

总结出 FOR 减量语句的执行规则如下。

如果：执行变量＞＝结束值；

那么：循环执行语句块；

如果：执行变量＜结束值；

那么：循环结束；

循环次数＝$n$。

## 4.8.4 FOR 循环数据累加实例

FOR 循环非常利于做数据处理和高级算法，因为不管是算法还是数据处理，都有计算次数或者数据变化的需求，这两点 FOR 循环都可以满足，而且 FOR 循环还比其他的算法更加通俗易懂，所以算法和数据处理最常用的语法都是 FOR 循环。

**(1) 项目要求**

当按钮启动时，用FOR语句计算0到99累计相加的和，即0+1+2+3+4+…+99。

**(2) 创建变量表（图4-27）**

变量表_1

| | | 名称 | 数据类型 | 地址 | 保持 | 可从... | 从H... | 在H... |
|---|---|---|---|---|---|---|---|---|
| 1 | | 启动按钮 | Bool | %I0.0 | ☐ | ☑ | ☑ | ☑ |
| 2 | | INT1 | Int | %MW100 | ☐ | ☑ | ☑ | ☑ |
| 3 | | X | Int | %MW10 | ☐ | ☑ | ☑ | ☑ |

图4-27　变量表

**(3) 编写SCL程序（图4-28）**

```
1
2  "R_TRIG_DB"(CLK:="启动按钮");           //取按钮上升沿
3
4  IF "R_TRIG_DB".Q THEN
5      "X" := 0;
6      FOR "INT1" := 0 TO 99 BY 1 DO
7          "X" := "X" + 1;
8      END_FOR;
9  END_IF;                                 //当按钮启动，执行FOR循环
10
```

图4-28　FOR语句数据累加SCL程序

# 第5章 SCL语言高级语法

# 5.1 WHILE 循环语句

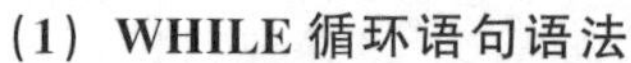

**(1) WHILE 循环语句语法**

```
WHILE＜表达式＞ DO
＜语句块＞
END_WHILE;
```

当表达式成立时，循环执行 D0 到 END_WHILE 之间的程序，直到表达式不成立，停止循环。如果表达式一直不成立，一直不执行。

**(2) 使用方法举例（图 5-1）**

程序语意：

当“"A"＜100”这个条件成立时，循环执行 WHILE 内部程序块。

当“"A"＜100”这个条件不成立时，不执行 WHILE 内部程序块。

**(3) 注意事项**

注意 WHILE 循环条件的选择，如果条件长时间无法改变，则会形成死循环。一般情况都是把条件变量的变化放到循环的程序块里面，避免形成死循环。什么叫死循环？如图 5-2 所示：

```
WHILE "A" < 100 DO
    "A" := "A" + 3;
    "C" := "A" + 3;
    "B" := "A" + 100;
    IF "A" > 50 THEN
        "电机1" := TRUE;
    END_IF;
END_WHILE;
```

图 5-1 WHILE 循环语句使用举例

```
"A" := 0;
"B" := 0;
WHILE "A" < 100 DO
    "B" := "A" + 3;
END_WHILE;
```

图 5-2 WHILE 循环语句死循环举例

图 5-2 中的程序就是死循环，在写法上是没有问题的，但是在程序执行上因为 A 的值有可能永远都小于 100，所以会一直循环，出现报错。

# 5.2 REPEAT 循环语句

**(1) REPEAT 循环语句语法**

```
REPEAT＜循环语句块＞UNTIL
＜条件表达式＞
END_REPEAT;
```

REPEAT是将条件放到后面，先执行一次循环语句，再判断条件，如果条件不成立继续执行扫描；如果条件成立，不执行循环。在程序运行时，最少执行一次循环。

**(2) 使用方法举例**

图5-3中程序执行一次扫描，图5-4中程序执行多次扫描。

```
"A" := 0;
"B" := 0;
REPEAT
    "A" := "A" + 3;
    "B" := "A" + 100;
UNTIL "A"<100
END_REPEAT;
```

图5-3 REPEAT循环一次

```
"A" := 0;
"B" := 0;
REPEAT
    "A" := "A" + 3;
    "B" := "A" + 100;
UNTIL "A">100
END_REPEAT;
```

图5-4 REPEAT循环多次

**(3) 注意事项**

① REPEAT（条件不成立循环）跟WHILE（条件成立循环）的用法相反。

② WHILE语句是条件放到前面，先判断条件，如果条件不成立，不执行循环扫描。REPEAT语句是将条件放到后面，先执行一次扫描，后判断条件，如果条件成立，不执行循环扫描。

③ 死循环是高级语言和SCL语言的忌讳，如果陷入死循环，整个程序会全部报错，一定要避免。

## 5.3 CONTINUE核对循环条件

**(1) CONTINUE核对循环语句语法**

```
<循环语法>
CONTINUE;
<循环结束>
```

用法：CONTINUE用于循环程序的中间，当CONTINUE执行的时候重新去判断循环条件，将循环程序中 CONTINUE 后面的程序屏蔽，一般 CONTINUE 前面都会加一个执行条件。

**（2）使用举例（图 5-5）**

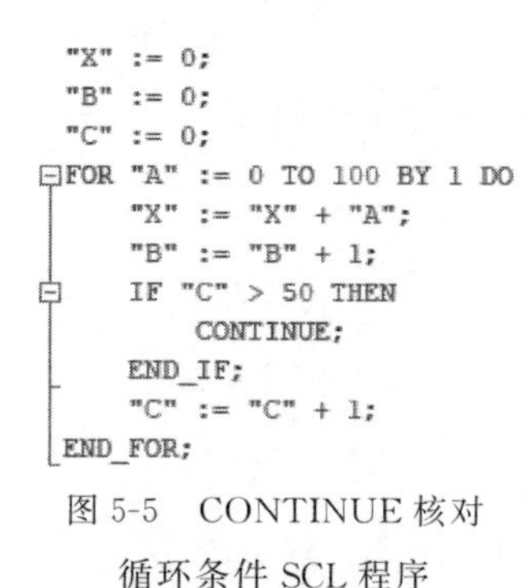


图 5-5　CONTINUE 核对循环条件 SCL 程序

① 当 A＜100 的时候，执行 FOR 循环程序块，循环时从 0 到 100 进行计数，每次加 1，直到 A＞100 时，循环结束。

② 当 C＜50 的时候，FOR 循环内部的所有程序都会执行，包括“"C"：="C"+1;”；当 C＞50 的时候，CONTINUE 后面的语句不执行，屏蔽了“"C"：="C"+1;”。

**（3）注意事项**

① 当有多重循环时，CONTINUE 语句只能用于当前的循环语句，用于核对当前语句的循环条件。

② CONTINUE 语句只能用于循环语句，如 FOR、WHILE 或 REPEAT。

# 5.4　EXIT 立即退出循环

**（1）EXIT 立即退出循环语句语法**

＜循环语句＞
＜EXIT 语句＞
＜循环结束＞

用法：EXIT 立即退出循环，当循环程序中有 EXIT 语句，并且执行 EXIT 语句的时候，取消当前循环程序，跳出当前循环程序，循环程序不再执行。

**（2）使用方法举例（图 5-6）**

程序执行顺序：

① 当 FOR 的条件成立，FOR 循环开始。如果 A＞6 条件成立那么 FOR 循环结束。

② 如果 A＞6 条件不成立，那么会一直继续执行 FOR 循环。

上面的案例将 CONTINUE 指令与 EXIT 做对比，读者应注意两个指令在用法上的区分。如果有多层嵌套循环，那么 EXIT 条件成立的时候，只会退出当前的循环。

```
"X" := 0;
"B" := 0;
"C" := 0;
FOR "A" := 0 TO 100 BY 1 DO
    "X" := "X" + "A";
    "B" := "B" + 1;
    IF "C" > 500 THEN
        CONTINUE;
    END_IF;
    IF "A" > 6 THEN
        EXIT;
    END_IF;
    "C" := "C" + 1;
END_FOR;
```

图 5-6　EXIT 立即退出循环 SCL 程序

**(3) 注意事项**

① 如果程序有多层循环，那么当执行 EXIT 程序时，只跳出当前循环程序，继续执行其他的外层循环程序。

② EXIT 语句只能用于循环语句，如 FOR、WHILE 或 REPEAT。

## 5.5 压力数据计算实例

**(1) 项目要求**

一个管道中有压力传感器，需要用 PLC 来监控管道压力数据。由于现场干扰非常大，所以需要采取数据运算。数据处理方法如下：

PLC 每秒采集 5 个数据，用 FOR 循环计算 5 个数据的平均值，每秒计算一次平均数据。

**(2) 项目思路**

实时采集 5 个数据，将数据放到数据存储器，数据采集完后用 FOR 循环计算平均值，每秒将计算的结果保存下来。

**(3) 创建变量表**

创建 5 个 INT 元素的数组，压力传感器读取的数据放在 5 个元素的数组里面。再创建两个 INT 数据类型放在 DB 数据块中，用于存放总压力和平均压力，如图 5-7、图 5-8 所示。

| | | | | | | |
|---|---|---|---|---|---|---|
| 压力1 | Int | %IW64 | ☐ | ☑ | ☑ | ☑ |
| 压力2 | Int | %IW66 | ☐ | ☑ | ☑ | ☑ |
| 压力3 | Int | %IW68 | ☐ | ☑ | ☑ | ☑ |
| 压力4 | Int | %IW70 | ☐ | ☑ | ☑ | ☑ |
| 压力5 | Int | %IW72 | ☐ | ☑ | ☑ | ☑ |
| <添加> | | | ☐ | ☑ | ☑ | ☑ |

图 5-7　变量表

| 名称 | 数据类型 | 起始值 | | | | | |
|---|---|---|---|---|---|---|---|
| ▼ 采取压力 | Array[0..4] of Int | | ☐ | ☑ | ☑ | ☑ | ☐ |
| 采取压力[0] | Int | 0 | ☐ | ☑ | ☑ | ☑ | ☐ |
| 采取压力[1] | Int | 0 | ☐ | ☑ | ☑ | ☑ | ☐ |
| 采取压力[2] | Int | 0 | ☐ | ☑ | ☑ | ☑ | ☐ |
| 采取压力[3] | Int | 0 | ☐ | ☑ | ☑ | ☑ | ☐ |
| 采取压力[4] | Int | 0 | ☐ | ☑ | ☑ | ☑ | ☐ |
| 总压力 | Int | 0 | ☐ | ☑ | ☑ | ☑ | ☐ |
| 平均压力 | Int | 0 | ☐ | ☑ | ☑ | ☑ | ☐ |

图 5-8　DB数据块数组变量

**(4) 编写 SCL 程序（图 5-9）**

```
"数据块_1".采取压力[0] := "压力1";
"数据块_1".采取压力[1] := "压力2";
"数据块_1".采取压力[2] := "压力3";
"数据块_1".采取压力[3] := "压力4";
"数据块_1".采取压力[4] := "压力5";
IF "Clock_1Hz" THEN
    "数据块_1".总压力 := 0;
    FOR "A" := 0 TO 4 BY 1 DO
        "数据块_1".总压力 := "数据块_1".总压力 + "数据块_1".采取压力["A"];
    END_FOR;
    "数据块_1".平均压力 := "数据块_1".总压力 / 5;
END_IF;
```

图 5-9　压力计算 SCL 编程

# 5.6　GOTO 跳转语句

**(1) GOTO 跳转语句语法**

```
语句 1
语句 2
语句 3
GOTO P1
语句 4
语句 5
P1:
语句 6
```

在程序中如果使用GOTO指令，当执行到GOTO语句时，执行程序直接跳转到GOTO所指示的标签处，跳过中间的程序，直接执行标签后面的程序。

**(2) 使用方法举例（图 5-10）**

```
"X" := 0;
"B" := 0;
"C" := 0;
FOR "A" := 0 TO 100 BY 1 DO
    "X" := "X" + "A";
    "B" := "B" + 1;

    IF "B" > 2 THEN
        GOTO P1;
    END_IF;
    "C" := "A" + 1;
P1:
    "D" := "A" + 1;
END_FOR;
```

图 5-10 GOTO 跳转 SCL 编程

① 当 FOR 的条件成立，FOR 循环开始。如果 B>2 条件成立，那么执行 GOTO 指令，程序跳转到标签 P1 的位置。

② 如果 B>2 条件不成立，那么不执行 GOTO 指令，程序按照顺序继续执行。

③ GOTO 指令跳转标签可以在一个程序块内，更可以在同一个项目不同的程序块中。

**(3) 注意事项**

① GOTO 指令与梯形图的跳转指令用法类似。

② GOTO 指令可以用于跳转也可以用于循环。

③ 在高级语言里面尽量少用 GOTO 指令，因为 GOTO 太多的话，容易造成逻辑混乱。

# 5.7 RETURN 退出块语句

**(1) RETURN 退出块语法**

```
语句 1
语句 2
语句 3
RETURN;
语句 4
语句 5
语句 6
……
```

如果某一个 FC 或者 FB 程序块，在程序中有 RETURN 指令，执行 RETURN 的时候，会跳出当前块的运行程序，也就是说当执行 RETURN 指令时，RETURN 后面的所有程序都屏蔽不执行。

**(2) 使用方法举例（图 5-11）**

```
1  IF NOT "按钮1" THEN
2       RETURN;
3  END_IF;
4  "X" := 0;
5  "B" := 0;
6  "C" := 0;
7  FOR "A" := 0 TO 100 BY 1 DO
8       "X" := "X" + "A";
9       "B" := "B" + 1;
10      IF "B" > 102 THEN
11           GOTO P1;
12      END_IF;
13      "C" := "B" + 1;
14 P1:
15      "D" := "A" + 1;
16 END_FOR;
17
18 "E" := "A" + 1;
```

图 5-11　RETURN 退出块 SCL 编程

图 5-11 中 RETURN 指令的执行条件由“NOT"按钮 1"”决定，当条件成立的时候，后面的语句都不执行。

## 5.8　REGION 语句

**(1) REGION 语句语法**

```
REGION  <名称>
<语句块>
END_REGION;
```

REGION 语句又称为组织源代码，REGION 的用法是将程序分成不同的功能段落，方便阅读理解，使程序看起来更加简洁。

**(2) 使用方法举例（图 5-12）**

收集成块的效果，如图 5-13 所示。

```
REGION FOR正计数循环
    "和X" := 0;
    FOR "数据块_1".A := 0 TO 100 BY 1 DO
        "和X" := "和X" + 1;
    END_FOR;
END_REGION
REGION FOR负累计循环
    "和X" := 0;
    FOR "数据块_1".A := 100 TO 0 BY -1 DO
        "和X" := "和X" + 1;
    END_FOR;
END_REGION
REGION 条件不成熟循环使用方法
    "A" := 0;
    "B" := 0;
    REPEAT
        "A" := "A" + 3;
        IF "A" > 50 THEN
            CONTINUE;
        END_IF;
        "B" := "A" + 100;
    UNTIL "A" > 100
    END_REPEAT;
END_REGION
```

图 5-12　REGION 组织源代码

```
⊞REGION FOR正计数循环
⊞REGION FOR负累计循环
⊞REGION 条件不成熟循环使用方法
```

图 5-13　REGION 组织源代码收集效果

## 5.9　工作台自动往返控制实例

**(1) 项目要求**

按下启动按钮 I0.4，车床自动运行。自动运行时车床刀具在 I0.3 处快速运行到 I0.1 处，当 I0.1 感应开关接通，车床刀具速度转换成工进(慢速)。运行到 I0.2 的位置，当 I0.2 接通时车床刀具快速退回，退到 I0.3 的位置，当 I0.3 接通，车床刀具又快进，如此不断循环。

**(2) 控制流程图 (图 5-14)**

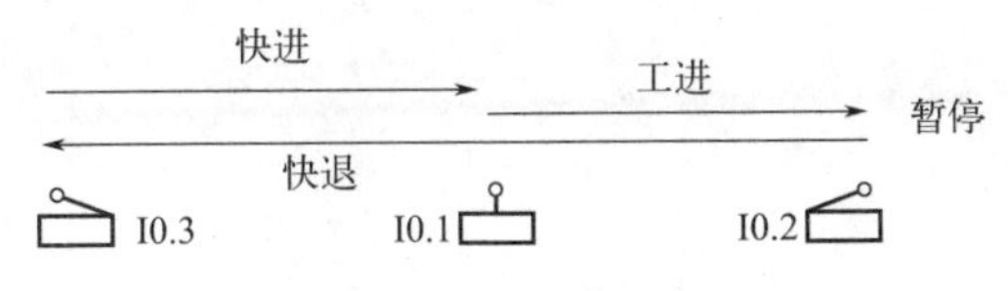


图 5-14　工作台往返流程图

### (3) 创建变量表（图 5-15）

| | | | | | | | | |
|---|---|---|---|---|---|---|---|---|
| 1 | | 工进 | Bool | %Q4.0 | ☐ | ☑ | ☑ | ☑ |
| 2 | | 快进 | Bool | %Q4.1 | ☐ | ☑ | ☑ | ☑ |
| 3 | | 快退 | Bool | %Q4.2 | ☐ | ☑ | ☑ | ☑ |
| 4 | | 起始位感应 | Bool | %I0.3 | ☐ | ☑ | ☑ | ☑ |
| 5 | | 结束位感应 | Bool | %I0.2 | ☐ | ☑ | ☑ | ☑ |
| 6 | | 中间位感应 | Bool | %I0.1 | ☐ | ☑ | ☑ | ☑ |
| 7 | | 启动按钮 | Bool | %I0.4 | ☐ | ☑ | ☑ | ☑ |
| 8 | | 停止按钮 | Bool | %I0.5 | ☐ | ☑ | ☑ | ☑ |
| 9 | | 运行步骤 | Int | %MW10 | ☐ | ☑ | ☑ | ☑ |
| 10 | | 车床自动运行 | Bool | %M1.0 | ☐ | ☑ | ☑ | ☑ |
| 11 | | 等待时间到位 | Bool | %M1.1 | ☐ | ☑ | ☑ | ☑ |

图 5-15　变量表

### (4) 编写 SCL 编程（图 5-16）

```
1  "IEC_Timer_0_DB".TON(IN:="结束位感应",
2                       PT:=T#5s,
3                       Q=>"等待时间到位");
4
5  "车床自动运行" := ("启动按钮" OR "车床自动运行") AND "停止按钮";
6  IF "车床自动运行" THEN
7      CASE "运行步骤" OF
8          0:
9              IF "起始位感应"
10             THEN
11                 "运行步骤" := 1;
12             END_IF;
13         1:
14             "快进" := TRUE;
15             IF "中间位感应" THEN
16                 "运行步骤" := 2;
17                 "快进" := FALSE;
18             END_IF;
19         2:
20             "工进" := TRUE;
21             IF "结束位感应" AND "等待时间到位" THEN
22                 "运行步骤" := 3;
23                 "工进" := FALSE;
24             END_IF;
25         3:
26             "快退" := TRUE;
27             IF "起始位感应" THEN
28                 "运行步骤" := 1;
29                 "快退" := FALSE;
30             END_IF;
31     END_CASE;
32 END_IF;
```

图 5-16　工作台往返 SCL 程序

# 第6章 模拟量

# 6.1 模拟量介绍

**(1) 什么是模拟量**

模拟量是指变量在时间上和数值上都是连续变化的量。表示模拟量的信号叫模拟信号。工作在模拟信号下的电子电路叫模拟电路。所有需要连续测量的量，如压力、流量、温度、电流、电压等，都是模拟量。

**(2) 模拟量的组态**

① 不管是什么型号的 PLC，在编程前首先得确定传感器和 PLC 的模拟量信号，4～20mA 还是 0～10V 等，根据不同的信号进行不同的设置。

② 组态需要进行以下步骤：添加需要的模拟量模块，在模拟量模块上鼠标右击点击属性，选择通道，设置各种对应的参数。如图 6-1 所示。

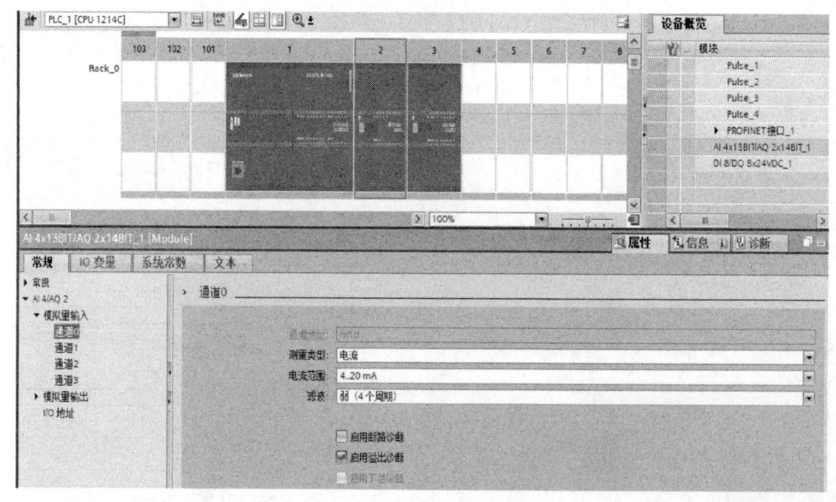


图 6-1 模拟量组态

# 6.2 模拟量与数据量的转换

**(1) 模拟量和工程量思路**

需要测量的外部信号一般都是各种不同的工程量，这些工程量通过仪器转换成模拟量，模拟量信号一般都是电压信号或电流信号，模拟量信号再通过输入输出模块转换成一个可以运算的数据量。

比如说现在有个恒温烧水的模拟量需要我们控制，温度传感器的温度测量范围是 0～100℃，模拟量的传递方式是 0～10V，PLC 里面 0～10V 所对应的数据是 0～27648，那么可以得出如图 6-2 所示的数据关系图形。

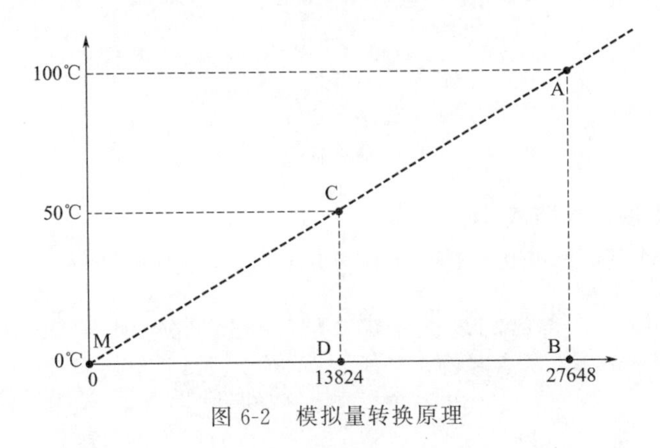


图 6-2　模拟量转换原理

其中，BM 是 PLC 内部模拟量所对应的数据，DM 是 PLC 读取的当前温度数据模拟量。AB 是模拟量的测量范围，又称为工程量范围，CD 是需要计算的工程量。

由此我们可以得到一个计算公式：

$$AB/CD=BM/DM$$

在实际做项目的时候，AB 的值由传感器决定，BM 的值由 PLC 模拟量的分辨率决定，DM 的值是 PLC 读取的模拟量。所以最终需要计算的是 CD 的值，也就是当前测量的工程量。

**(2) 标准化和缩放梯形图指令**

① NORM_X：标准化，可用来计算当前模拟量，读取当前值在模拟量数值范围之间的比例，如图 6-3 所示。

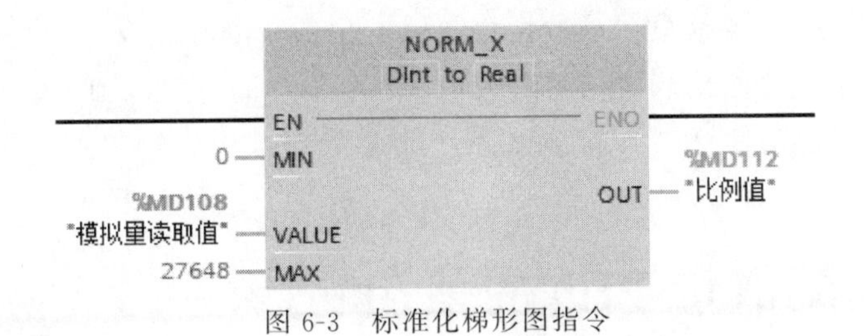


图 6-3　标准化梯形图指令

② SCALE_X：缩放，计算当前模拟量读取比例值的所对应工程量，如图 6-4 所示。

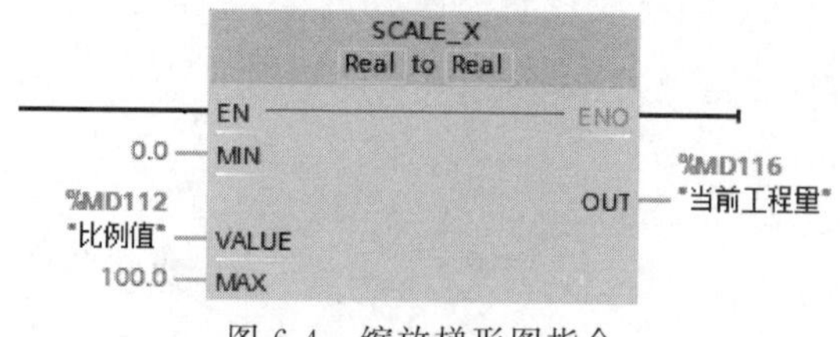


图 6-4　缩放梯形图指令

**（3）标准化和缩放 SCL 指令**

NORM_X：标准化示例，如图 6-5 所示。

```
"比例值" := NORM_X(MIN := 0, VALUE := "模拟量读取值", MAX := 27648);
//标准化指令，计算比例值
```

图 6-5　标准化 SCL 指令

SCALE_X：缩放示例，如图 6-6 所示。

```
"当前工程量" := SCALE_X(MIN := 0, VALUE := "比例值", MAX := 100);
//缩放指令，计算当前工程量
```

图 6-6　缩放 SCL 指令

**（4）NORM_X 和 SCALE_X 指令详细说明**

① NORM_X：标准化。“标准化”指令 VALUE 中变量的值为当前模拟量读取的数据，可用 MIN 和 MAX 定义模拟量值范围的限值，MIN 为下限值，MAX 为上限值。

标准化指令的结果输出返回值为计算的比例值，数据类型为浮点数。最终计算结果就是标准化的当前值在测量范围中的比例，比例范围为 0.0～1.0。

② SCALE_X 缩放。缩放指令与标准化指令刚好相反，使用“缩放”指令将标准化过的比例值（浮点数）映射到指定的取值范围来进行计算实际的工程量。MIN 和 MAX 参数用于指定取值范围，输出返回值缩放的数据为整数。

# 6.3　模拟量 PID 的使用

PID 指令参数较为复杂，学习 PID 运算可先从梯形图开始学起，在完全理解后再用 SCL 编写程序，进行数据运算。

## 6.3.1 PID 指令

PID 指令及其含义如下所述。

①“PID_Compact_1”通用 PID 控制指令

②“PID_3Step_1”阀门 PID 控制指令

③“PID_Temp_1”温度 PID 控制指令

PID 指令通常都在循环中断 OB 中使用，阀门和温度 PID 都有自己专用的指令。“PID_Compact_1”是通用 PID 控制指令，本书以通用 PID 控制指令为例，进行详细的分析和学习。我们先用梯形图指令熟悉一下 PID 的参数，如图 6-7 所示。

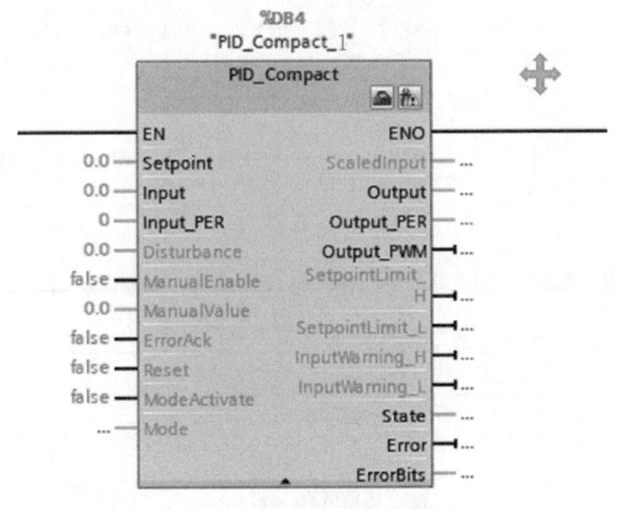


图 6-7　PID 梯形图程序

## 6.3.2 指令参数

指令参数如表 6-1、表 6-2 所示。

**表 6-1　PID 指令输入参数说明**

| 输入参数 | 数据类型 | 说明 |
| --- | --- | --- |
| Setpoint | REAL | PID 控制器在自动模式下的设定值 |
| Input | REAL | PID 控制器的反馈值(工程量) |
| Input_PER | INT | PID 控制器的反馈值(模拟量) |
| Disturbance | REAL | 扰动变量或预控制值 |

续表

| 输入参数 | 数据类型 | 说明 |
| --- | --- | --- |
| ManualEnable | BOOL | 出现 FALSE→TRUE 上升沿时会激活“手动模式”，与当前 Mode 的数值无关；<br>当 ManualEnable＝TRUE，无法通过 ModeActivate 的上升沿或使用调试对话框来更改工作模式；<br>出现 TRUE→FALSE 下降沿时会激活由 Mode 指定的工作模式 |
| ManualValue | REAL | 用作手动模式下的 PID 输出值，须满足 Config. OutputLowerLimit ＜ManualValue＜Config. OutputUpperLimit |
| ErrorAck | BOOL | FALSE→TRUE 上升沿时，错误确认，清除已经离开的错误信息 |
| Reset | BOOL | 重新启动控制器：<br>FALSE→TRUE 上升沿，切换到“未激活”模式，同时复位 ErrorBits 和 Warnings，清除积分作用（保留 PID 参数）；<br>只要 Reset＝TRUE，PID_Compact 便会保持在“未激活”模式下（State＝0）；<br>TRUE→FALSE 下降沿，PID_Compact 将切换到保存在 Mode 参数中的工作模式 |
| ModeActivate | BOOL | FALSE→TRUE 上升沿，PID_Compact 将切换到保存在 Mode 参数中的工作模式 |

**表 6-2　PID 指令输出参数说明**

| 输出参数 | 数据类型 | 说明 |
| --- | --- | --- |
| ScaledInput | REAL | 标定的过程值 |
| Output | REAL | PID 的输出值（REAL 形式） |
| Output_PER | INT | PID 的输出值（模拟量） |
| Output_PWM | BOOL | PID 的输出值（脉宽调制） |
| SetpointLimit_H | BOOL | 如果 SetpointLimit_H＝TRUE，则说明达到了设定值的绝对上限（Setpoint≥Config. SetpointUpperLimit） |
| SetpointLimit_L | BOOL | 如果 SetpointLimit_L＝TRUE，则说明已达到设定值的绝对下限（Setpoint≤Config SetpointLowerLimit） |
| InputWarning_H | BOOL | 如果 InputWarning_H＝TRUE，则说明过程值已达到或超出警告上限 |
| InputWarning_L | BOOL | 如果 InputWarning_L＝TRUE，则说明过程值已达到或低于警告下限 |

续表

| 输出参数 | 数据类型 | 说明 |
|---|---|---|
| State | INT | State参数显示了PID控制器的当前工作模式。可使用输入参数Mode和ModeActivate处的上升沿更改工作模式<br>State=0:未激活<br>State=1:预调节<br>State=2:精确调节<br>State=3:自动模式<br>State=4:手动模式<br>State=5:带错误监视的替代输出值 |
| Error | BOOL | 如果Error=TRUE,则此周期内至少有一条错误消息处于未决状态 |
| ErrorBits | DWORD | ErrorBits参数显示了处于未决状态的错误消息。通过Reset或ErrorAck的上升沿来保持并复位ErrorBits |

## 6.3.3 PID指令案例

### (1) 用工程量进行PID计算（图6-8）

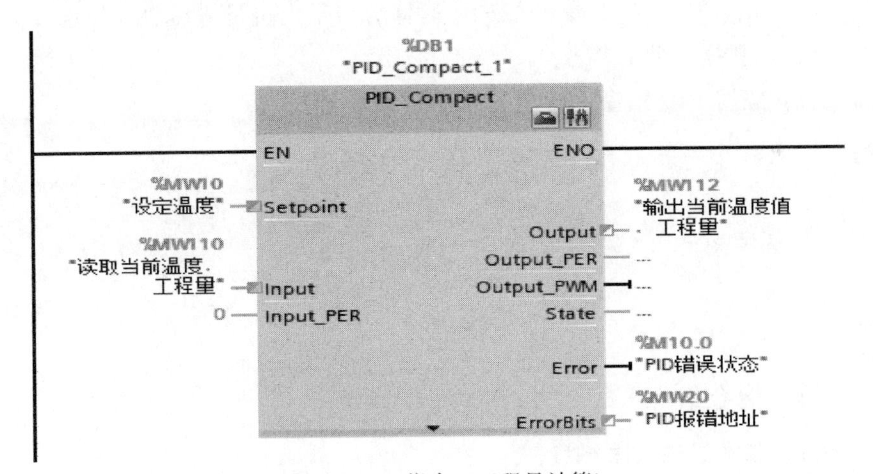


图6-8 PID指令（工程量计算）

### (2) 用模拟量数值进行PID运算（图6-9）

图6-8、图6-9中的程序，因为PID运算数据不同，需要设置的参数也不一样。下面简要分析参数的区别。

Input：这个参数是PID的工程量输入值（如温度），数据类型REAL。

Input_PER：这个参数是PID的模拟量输入值（如温度的模拟值），数据类型INT。

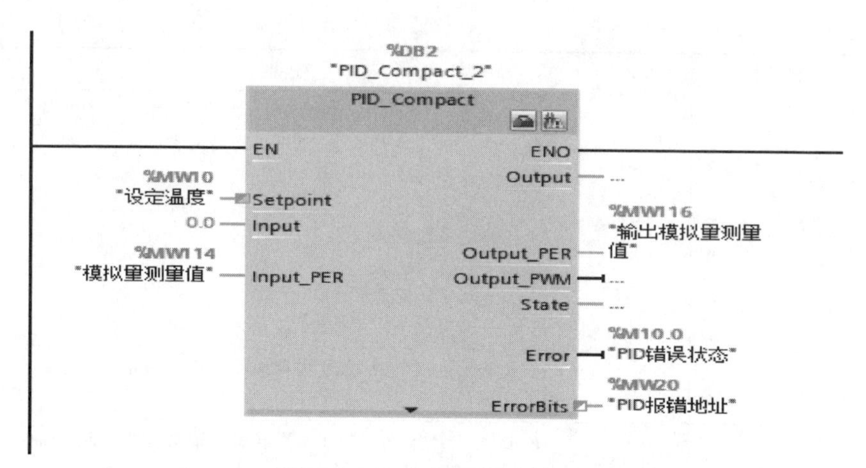


图 6-9 PID 指令用模拟量计算

Output：这个参数是 PID 运算的结果工程量输出值（如温度），数据类型 REAL。

Output_PER：这个参数是 PID 运算的结果模拟量输出值（如温度的模拟值），数据类型 INT。

**(3) 编写 PID 指令运算 SCL 程序（图 6-10）**

```
"PID_Compact_3"(Setpoint:="设定温度",
                Input:="读取当前温度，工程量",
                Output=>"输出当前温度值，工程量",
                Error=>"PID错误状态",
                ErrorBits=>"PID报错地址");
```

图 6-10 PID 指令 SCL 编程

## 6.3.4 指令组态

**(1) 基本组态（图 6-11）**

说明：

① 设置 PID 运算的物理量。

② 正向控制逻辑，反向控制逻辑。正作用：随着 PID 控制器的偏差增大，输出值增大。反作用：随着 PID 控制器的偏差增大，输出值减小。

③ 要在 CPU 启动的时候重新启动保存参数，选择在 CPU 重启后激活模式。

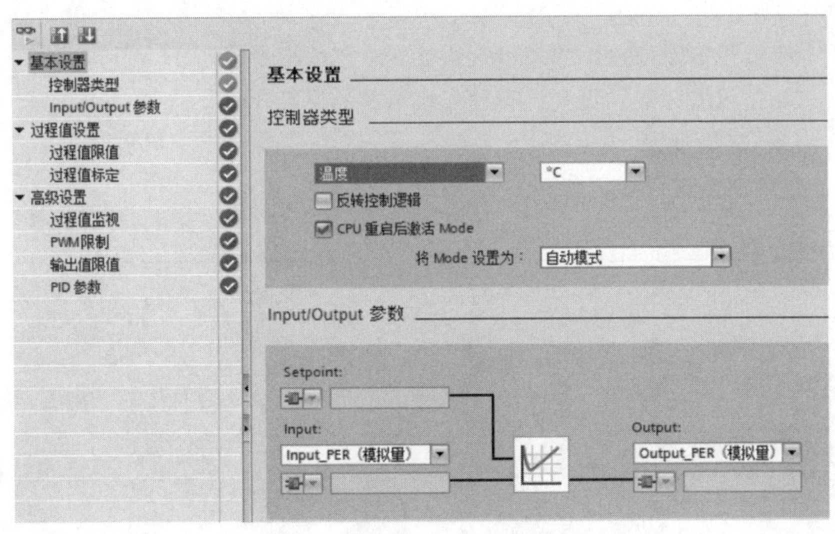


图 6-11 PID 指令组态基本设置

④ Input/Output 参数，用来设置 PID 运行参数数据的工程量与模拟量选择。

**(2) 过程值设置（图 6-12）**

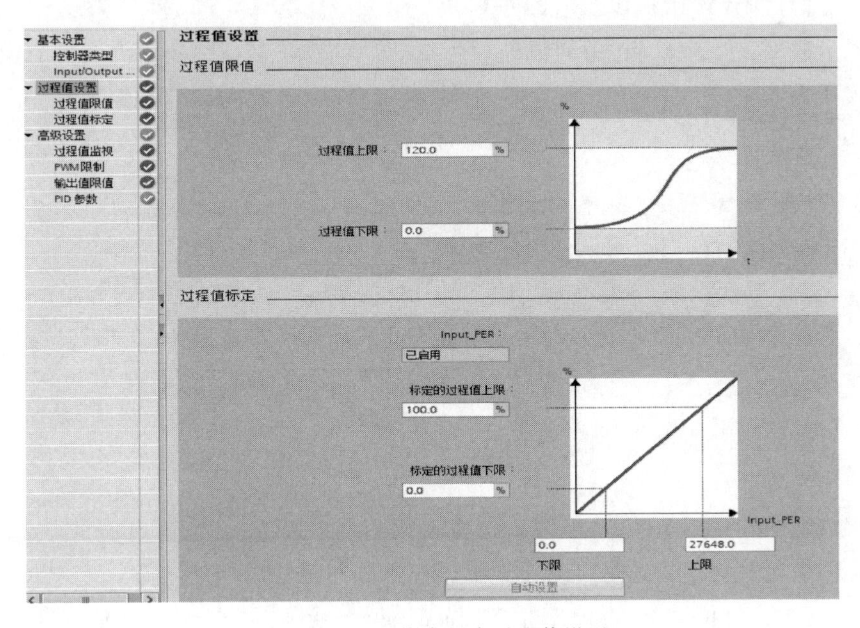


图 6-12 PID 指令组态过程值设置

说明：

① 过程值限值，如果超出这个范围，PID 指令报错。

② 过程值标定，设置工程量与模拟量的换算比例。

**(3) 高级设置**

过程值监视设置，如图 6-13 所示。

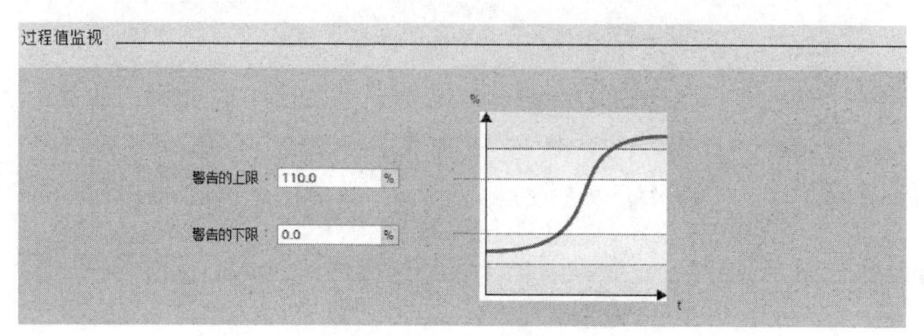


图 6-13 PID 指令组态过程值监视

过程值的监视限值范围需要在过程值限值范围之内。过程值超过监视限值，会输出警告。过程值超过过程值限值，PID 输出报错，并切换工作模式。

**(4) PWM 限值设置 (图 6-14)**

输出参数 Output 中的值被转换为一个脉冲序列，该序列通过脉宽调制在输出参数 Output_PWM 中输出。在 PID 算法采样时间内计算 Output，在采样时间 PID_Compact 内输出 Output_PWM。

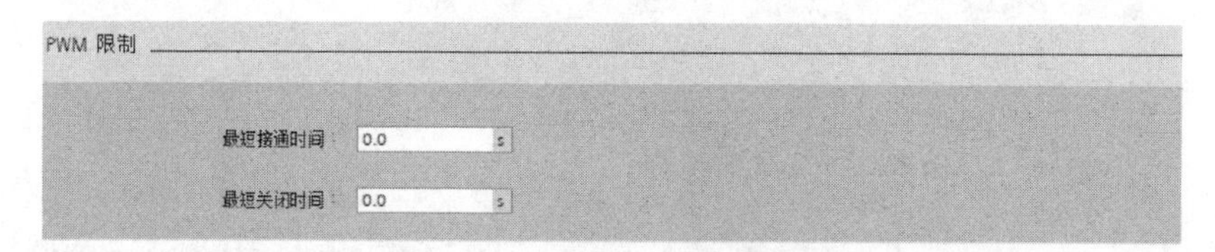


图 6-14 PID 指令组态 PWM 限值设置

输出值限值设置如图 6-15 所示。

说明：

① 在"输出值的限值"窗口中，以百分比形式组态输出值的限值。无论是在手动模式还是自动模式下，都不要超过输出值的限值。

② 手动模式下的设定值 ManualValue，必须是介于输出值的下限

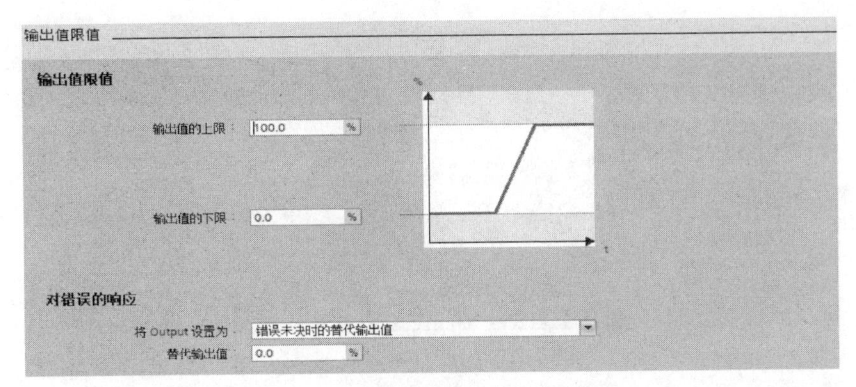

图 6-15　PID 指令组态输出值设置

(Config. OutputLowerLimit) 与输出值的上限 (Config. OutputUpperLimit) 之间的值。

③ 如果在手动模式下指定了一个超出限值范围的输出值，则 CPU 会将有效值限制为组态的限值。

④ PID_compact 可以通过组态界面中输出值的上限和下限修改限值。最大范围为－100.0～100.0，如果采用 Output_PWM 输出时，限制为 0.0～100.0。

**(5) PID 参数设置 (图 6-16)**

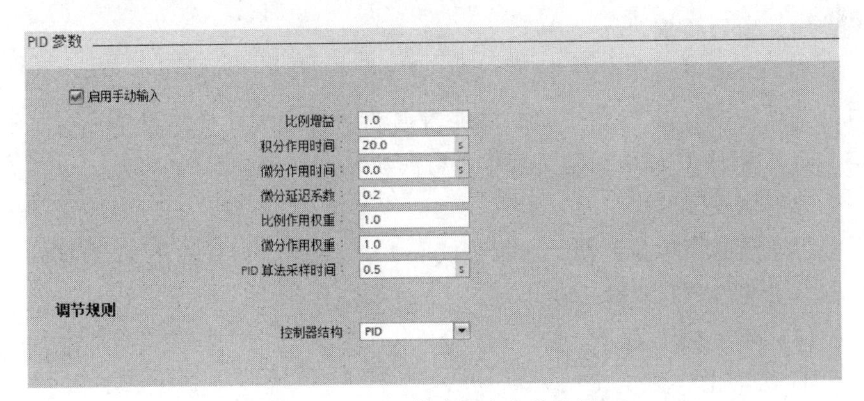

图 6-16　PID 指令组态参数设置

在 PID Compact 组态界面可以修改 PID 参数，修改这个参数直接可以改变 PID 运算算法，也改变了 PID 指令背景数据块的参数。程序和组态都完成后，可以直接用 PID 指令进行调试，如图 6-17 所示。

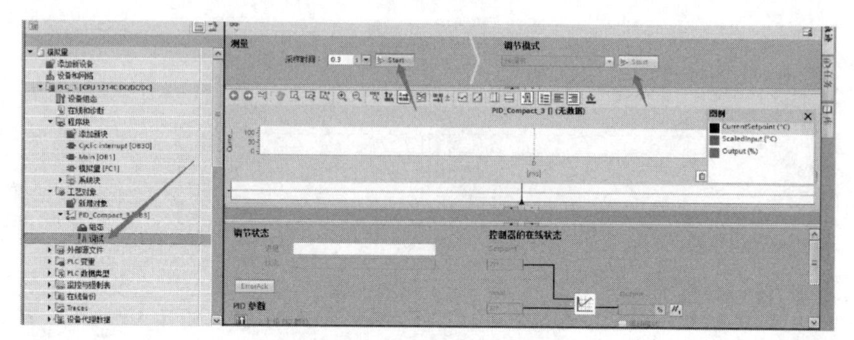


图 6-17 工艺对象 PID 调试

## 6.4 模拟量的滤波算法实例

做项目经常会遇到一个问题，在采集 PLC 输入模拟量的时候，模拟量采集的值出现较大的波动，造成这一现象的大部分原因是现场电磁干扰比较严重，这时候就需要对模拟量进行滤波处理。用程序进行滤波的算法就叫滤波算法。

常用的滤波算法有两种，一种是取 $N$ 个数的平均值再进行滤波，还有一种是每次读取一个数据都计算一次滤波处理。下面用一个案例讲解平均值滤波。

**(1) 项目要求**

有一个项目需要恒温控制，但是现场比较复杂，模拟量会受到其他用电设备干扰，所以 PLC 读取的温度数据波动特别大，导致设备运行不稳定，需要对 PLC 读取模拟量数据进行滤波处理。

**(2) 编程思路**

将连续的模拟量数据分成每秒读取 10 个数据，再计算 10 个数据的平均值，平均值每秒计算一次。

**(3) 编写 SCL 程序**

① 初始化（图 6-18）

初始化的时候将保存数据的数组赋值清零，当 X＝11 的时候将保存数据的数组赋值清零。

② 取值和计算（图 6-19）

```
1 IF  "FirstScan" OR "X"=11 THEN
2      "数据块_1".读取数据保存[1] := 0;
3      "数据块_1".读取数据保存[2] := 0;
4      "数据块_1".读取数据保存[3] := 0;
5      "数据块_1".读取数据保存[4] := 0;
6      "数据块_1".读取数据保存[5] := 0;
7      "数据块_1".读取数据保存[6] := 0;
8      "数据块_1".读取数据保存[7] := 0;
9      "数据块_1".读取数据保存[8] := 0;
10     "数据块_1".读取数据保存[9] := 0;
11     "数据块_1".读取数据保存[10] := 0;
12     "X" := 0;
13 END_IF;              //数据初始化
14
```

图 6-18 滤波程序 1 段（初始化）

```
"R_TRIG_DB"(CLK := "Clock_10Hz",
            Q => "10HZ上升沿");
                //取10HZ上升
IF "10HZ上升沿" AND "X" < 11 THEN
    "X" := "X" + 1;
    "数据块_1".读取数据保存["X"] := "温度读取";
END_IF;    //每秒取10个数据
```

图 6-19 滤波程序 2 段（取值和计算）

程序中 10Hz 就是每秒接通 10 次，每次都是取用接通的上升沿。“温度读取”是模拟量输入模块读取的温度，每秒读取 10 个数据，放到数组里面。

③ 计算平均值（图 6-20）

```
IF "X" = 10 THEN
    "模拟量总和" := 0;
    FOR "循环值" := 1 TO 10 BY 1 DO
        "模拟量总和" := "模拟量总和" + "数据块_1".读取数据保存["循环值"];
    END_FOR;
            //计算出10次模拟量的总和
END_IF;

"数据块_1".滤波平均值 := "模拟量总和" / 10;
```

图 6-20 滤波程序 3 段（计算平均值）

当读取 10 次数据的时候，就开始用 FOR 循环计算模拟量的总和，然后用总和计算出平均值。

在做模拟量处理的时候，其实并不是每个模拟量都需要用到滤波运算，因为西门子 PLC 本身就具备滤波功能，在相对比较良好的环境只使用 PID 指令直接运算当然也可以。这里讲解模拟量滤波程序是因为有些设备的运行环境比较复杂，模拟量干扰严重；还有就是借此机会帮助大家训练 SCL 的算法编程思维。

# 6.5 模拟量编程项目实例

**(1) 项目要求**

有一个恒压供水的项目，用 4～20mA 压力传感器检测水管压力，压力范围 0～10MPa。采集的数据与设定值通过 PLC 的数据运算。计算出模拟量输出控制变频器，做恒压控制。

**(2) 编程思路**

① 现场变频器较多，信号时常会受到干扰，采集的数据需要经过滤波处理。

② 采集完数据后进行标准化和缩放，计算工程量。

③ 通过 PID 指令运算。

④ 将工程量转换成数据量输出。

**(3) 创建变量表和 DB 块（图 6-21、图 6-22）**

变量表_1

| 名称 | 数据类型 | 地址 | 保持 | 可从... | 从H... | 在H... |
|---|---|---|---|---|---|---|
| 压力读取 | Int | %MW120 | ☐ | ☑ | ☑ | ☑ |
| X | Int | %QW10 | ☐ | ☑ | ☑ | ☑ |
| 10HZ上升沿 | Bool | %M2.0 | ☑ | ☑ | ☑ | ☑ |
| 循环值 | Int | %QW12 | ☐ | ☑ | ☑ | ☑ |
| 模拟量总和 | DInt | %QD14 | ☐ | ☑ | ☑ | ☑ |
| 读取值比例 | Real | %MD24 | ☑ | ☑ | ☑ | ☑ |
| 模拟工程量 | Real | %MD32 | ☑ | ☑ | ☑ | ☑ |
| PID输出工程量 | Real | %MD36 | ☑ | ☑ | ☑ | ☑ |
| 设定压力 | Real | %MD40 | ☑ | ☑ | ☑ | ☑ |
| PID输出比例 | Real | %MD44 | ☑ | ☑ | ☑ | ☑ |
| 模拟量输出数据 | Real | %MD48 | ☑ | ☑ | ☑ | ☑ |
| PID错误 | DWord | %MD180 | ☐ | ☑ | ☑ | ☑ |

图 6-21 项目变量表

数据块_1

| 名称 | 数据类型 | 起始值 | 保持 | 可从HMI/... | 从H... | 在HMI... | 设定值 |
|---|---|---|---|---|---|---|---|
| ▼ Static | | | ☐ | ☐ | ☐ | ☐ | ☐ |
| ▼ 读取数据保存 | Array[0..20] of Int | | ☐ | ☑ | ☑ | ☑ | ☐ |
| 读取数据保存[0] | Int | 0 | ☐ | ☑ | ☑ | ☑ | ☐ |
| 读取数据保存[1] | Int | 0 | ☐ | ☑ | ☑ | ☑ | ☐ |
| 读取数据保存[2] | Int | 0 | ☐ | ☑ | ☑ | ☑ | ☐ |
| 读取数据保存[3] | Int | 0 | ☐ | ☑ | ☑ | ☑ | ☐ |
| 读取数据保存[4] | Int | 0 | ☐ | ☑ | ☑ | ☑ | ☐ |
| 读取数据保存[5] | Int | 0 | ☐ | ☑ | ☑ | ☑ | ☐ |
| 读取数据保存[6] | Int | 0 | ☐ | ☑ | ☑ | ☑ | ☐ |
| 读取数据保存[7] | Int | 0 | ☐ | ☑ | ☑ | ☑ | ☐ |
| 读取数据保存[8] | Int | 0 | ☐ | ☑ | ☑ | ☑ | ☐ |
| 读取数据保存[9] | Int | 0 | ☐ | ☑ | ☑ | ☑ | ☐ |
| 读取数据保存[10] | Int | 0 | ☐ | ☑ | ☑ | ☑ | ☐ |
| 读取数据保存[11] | Int | 0 | ☐ | ☑ | ☑ | ☑ | ☐ |
| 读取数据保存[12] | Int | 0 | ☐ | ☑ | ☑ | ☑ | ☐ |
| 读取数据保存[13] | Int | 0 | ☐ | ☑ | ☑ | ☑ | ☐ |
| 读取数据保存[14] | Int | 0 | ☐ | ☑ | ☑ | ☑ | ☐ |
| 读取数据保存[15] | Int | 0 | ☐ | ☑ | ☑ | ☑ | ☐ |
| 读取数据保存[16] | Int | 0 | ☐ | ☑ | ☑ | ☑ | ☐ |
| 读取数据保存[17] | Int | 0 | ☐ | ☑ | ☑ | ☑ | ☐ |
| 读取数据保存[18] | Int | 0 | ☐ | ☑ | ☑ | ☑ | ☐ |
| 读取数据保存[19] | Int | 0 | ☐ | ☑ | ☑ | ☑ | ☐ |
| 读取数据保存[20] | Int | 0 | ☐ | ☑ | ☑ | ☑ | ☐ |
| 滤波平均值 | Real | 0.0 | ☐ | ☑ | ☑ | ☑ | ☐ |

图 6-22 项目 DB 块

## (4) 编写SCL编程

① 初始化程序如图6-23所示。

```
IF  "FirstScan" OR "X"=11 THEN
    "数据块_1".读取数据保存[1] := 0;
    "数据块_1".读取数据保存[2] := 0;
    "数据块_1".读取数据保存[3] := 0;
    "数据块_1".读取数据保存[4] := 0;
    "数据块_1".读取数据保存[5] := 0;
    "数据块_1".读取数据保存[6] := 0;
    "数据块_1".读取数据保存[7] := 0;
    "数据块_1".读取数据保存[8] := 0;
    "数据块_1".读取数据保存[9] := 0;
    "数据块_1".读取数据保存[10] := 0;
    "X" := 0;

END_IF;                //数据初始化
```

图6-23 模拟量PID编程1段（初始化程序）

② 计算平均值，如图6-24所示。

```
    "R_TRIG_DB"(CLK := "Clock_10Hz",
                Q => "10HZ上升沿");
                    //取10HZ上升沿

    IF "10HZ上升沿" AND "X" < 11 THEN
        "X" := "X" + 1;
        "数据块_1".读取数据保存["X"] := "压力读取";

    END_IF;
                //每秒取10个数据
IF "X" = 10 THEN
    "模拟量总和" := 0;
    FOR "循环值" := 1 TO 10 BY 1 DO
        "模拟量总和" := "模拟量总和" + "数据块_1".读取数据保存["循环值"];
    END_FOR;
            //计算出10次模拟量的总和

  "数据块_1".滤波平均值 := "模拟量总和" / 10;

END_IF;
```

图6-24 模拟量PID编程2段（计算平均值）

③ 计算工程量，如图6-25所示。

```
"读取值比例":=NORM_X(MIN:=0.0, VALUE:="数据块_1".滤波平均值, MAX:=27648.0);

"模拟工程量":=SCALE_X(MIN:=0.0, VALUE:="读取值比例", MAX:=100.0);

////计算工程量
```

图6-25 模拟量PID编程3段（计算工程量）

④ 计算PID，如图6-26所示。

⑤ 工程量转换成数据量，如图6-27所示。

```
1 "PID_Compact_3"(Setpoint:="设定压力",
2                 Input:="模拟工程量",
3                 Output=>"PID输出工程量",
4                 ErrorBits=>"PID错误");
5
```

图 6-26　模拟量 PID 编程 4 段（PID 程序）

```
"PID输出比例":=NORM_X(MIN:=0.0, VALUE:="PID输出工程量", MAX:=100.0);

"模拟量输出数据" := SCALE_X(MIN := 0.0, VALUE := "PID输出比例", MAX := 27648.0);

//PID工程量转换成输出数据量
```

图 6-27　模拟量 PID 编程 5 段（工程量转换数据量）

# 第7章 运动控制

# 7.1 运动控制组态

## 7.1.1 运动控制介绍

伺服电机的三种控制模式分别为位置模式、速度模式和转矩模式。目前做运动控制最理想的控制方式是用通信，通信技术已经很成熟，接线简单，精度也高。但是通信控制最大的问题是成本过高，所以目前国内自动化设备中的伺服电机还是以线路信号控制为主。

线路信号控制方法中，速度控制和转矩控制都是用模拟量信号，位置控制是脉冲控制。一般在精度要求特别高、有特殊的控制功能要求（如多个控制模式切换）、轴数量很多而脉冲数量不够等场合，选用通信控制。其余场景下，为了控制成本，可采用线路信号控制。注意选用的伺服电机与 PLC 最好是同一品牌，这样兼容性更好。

用 PLC 控制伺服，使用最多的情况是伺服定位，也就是位置模式。下面采用伺服定位案例讲解线路信号控制。

## 7.1.2 硬件组态

在项目树的设备组态里，按鼠标右键，找到属性设置、脉冲发生器，打开 PTO1，选择启动该脉冲发生器。西门子 S7-1200 PLC 自带 4 路高速脉冲输出模块，启用的时候勾选对应的通道启用该脉冲发生器。如图 7-1 所示。

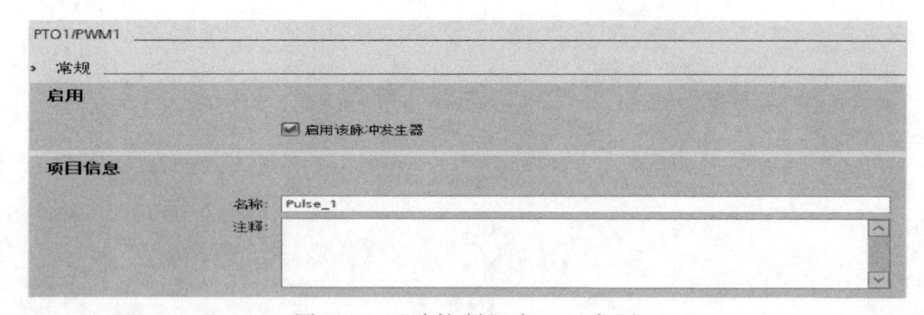


图 7-1 运动控制组态——启用

信号类型通常情况下选择脉冲和方向，具体根据对应的控制方法来选择，如图 7-2 所示。

选择脉冲输出口和方向输出口，如图 7-3 所示。

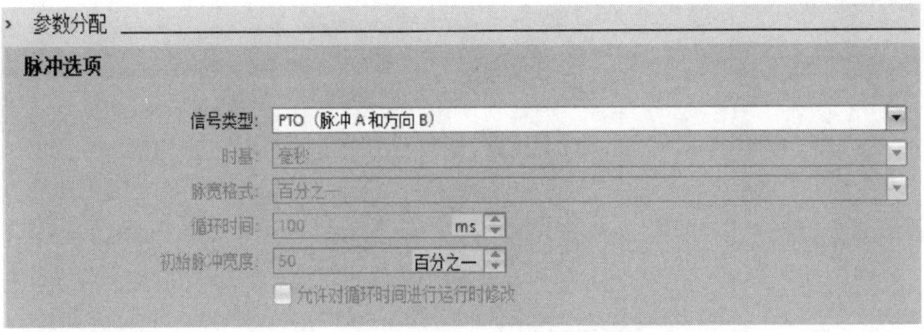

> 参数分配

脉冲选项

信号类型: PTO（脉冲 A 和方向 B）

时基: 毫秒

脉宽格式: 百分之一

循环时间: 100 ms

初始脉冲宽度: 50 百分之一

允许对循环时间进行运行时修改

图 7-2　运动控制组态 1——参数分配

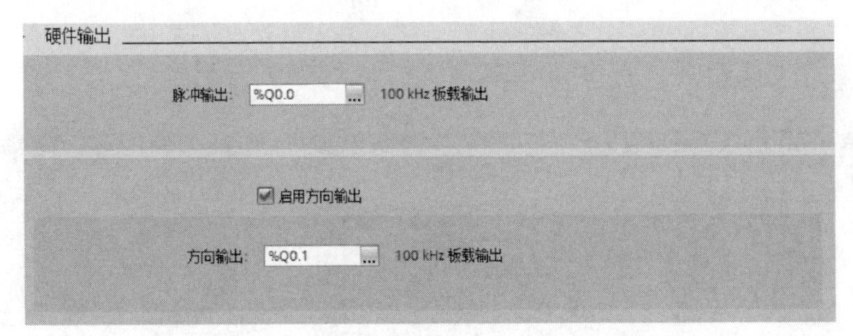


图 7-3　运动控制组态 1——硬件输出

## 7.1.3　工艺对象

添加工艺对象，如图 7-4 所示。

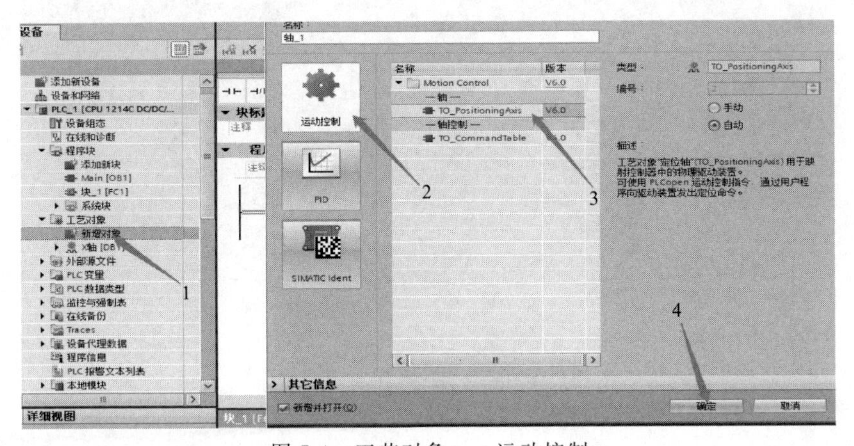


图 7-4　工艺对象——运动控制

工艺对象组态（常规），如图 7-5 所示。

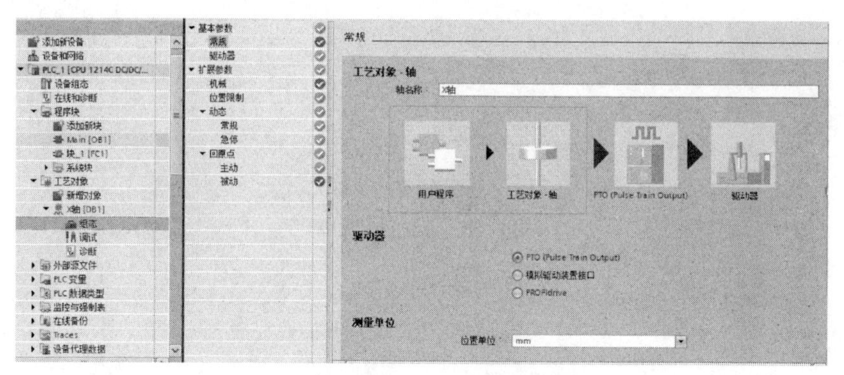


图 7-5　工艺对象——常规参数设置

工艺对象组态（驱动器），如图 7-6 所示。

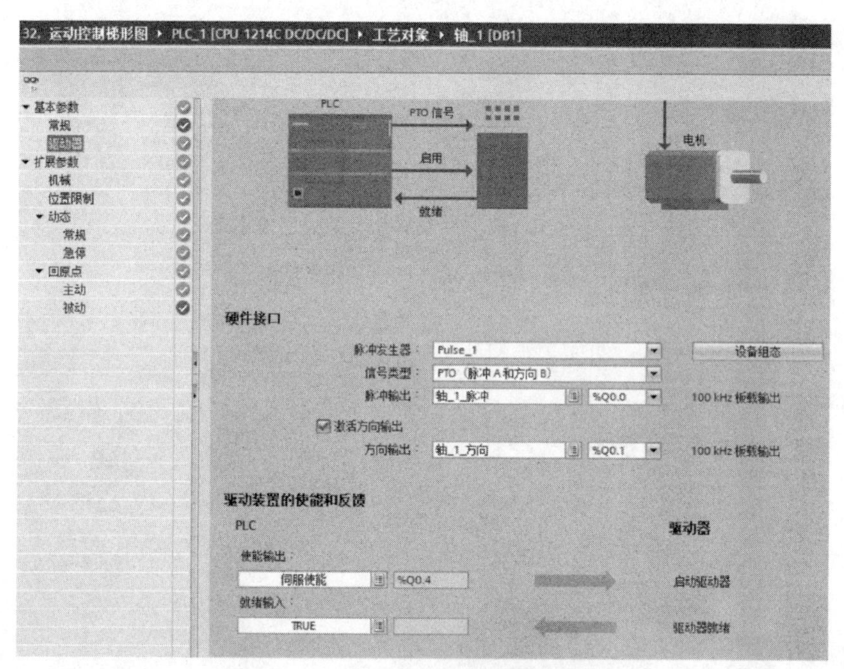


图 7-6　工艺对象——驱动器参数设置

工艺对象组态（机械），如图 7-7 所示。

工艺对象组态（位置限制），如图 7-8 所示。

工艺对象组态（常规），如图 7-9 所示。

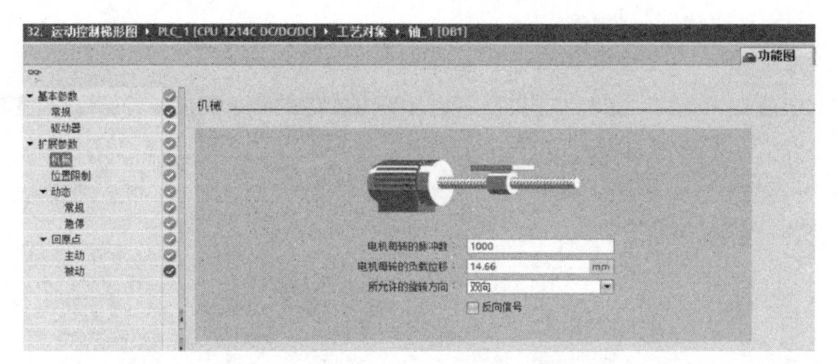


图 7-7　工艺对象——机械参数设置

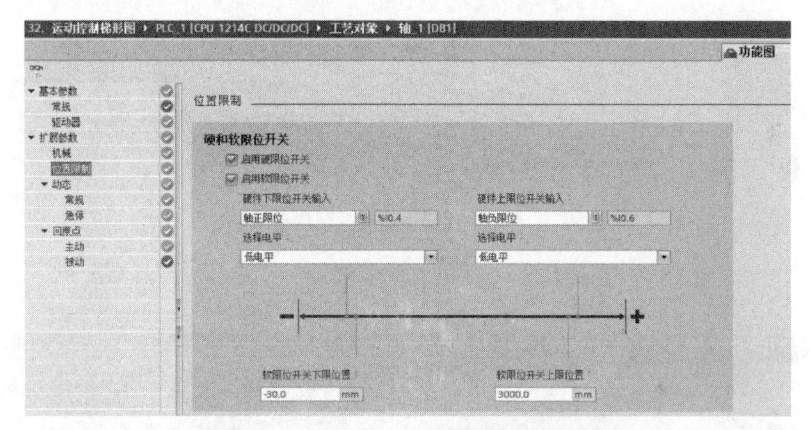


图 7-8　工艺对象——位置限制参数设置

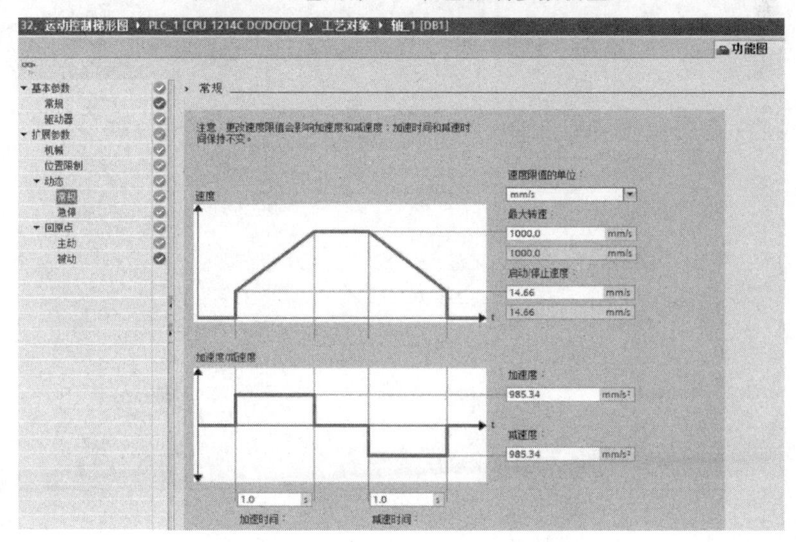


图 7-9　工艺对象——常规动态

工艺对象组态（急停），如图 7-10 所示。

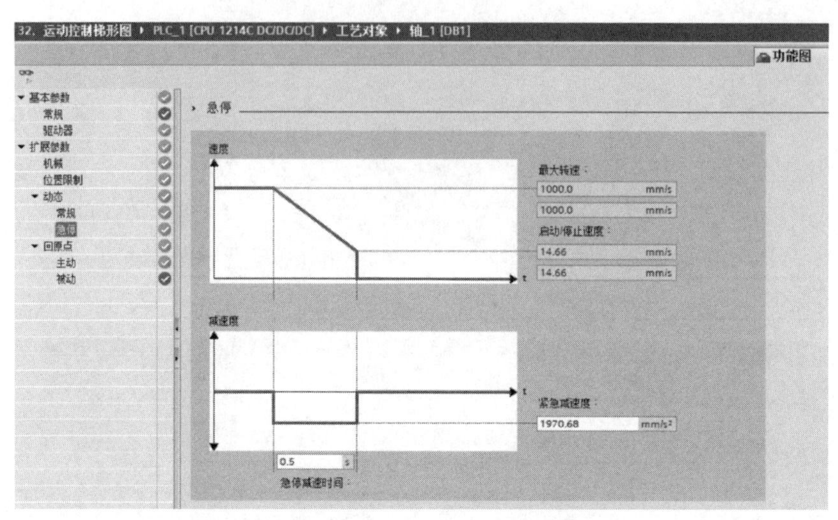

图 7-10　工艺对象——急停动态

工艺对象组态（主动），如图 7-11 所示。

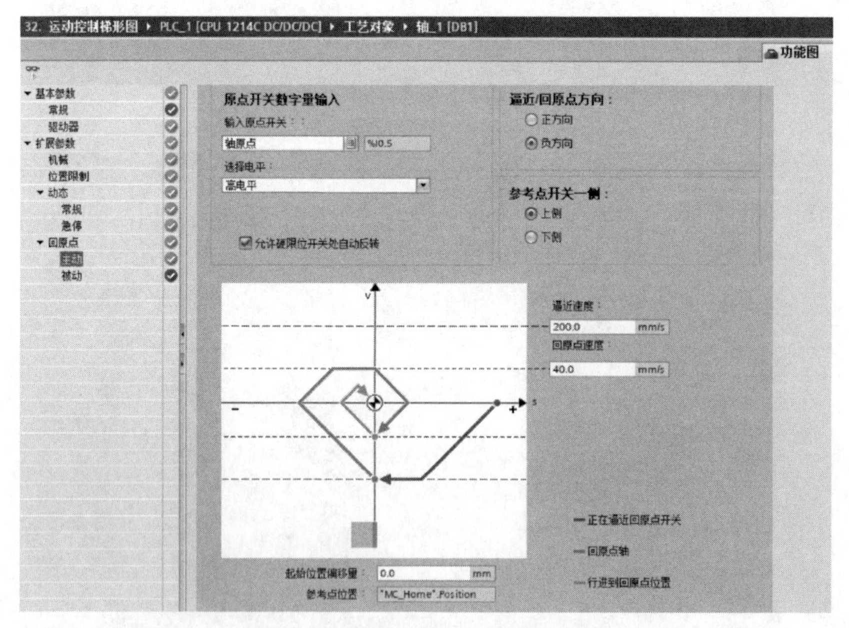

图 7-11　工艺对象——主动回原点

在工艺组态里面需要设置的数据非常多，本书核心是讲 SCL 语言的算法和语法，这里只做简单介绍，有需要的读者可以自行再学习。

## 7.2 运动控制梯形图指令

运动控制梯形图指令如下所述。

**（1）轴使能指令（表 7-1）**

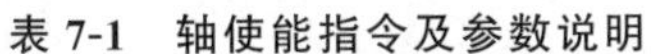

表 7-1 轴使能指令及参数说明

| 梯形图指令使用 | 参数 | 含义 |
|---|---|---|
| | Axis | 轴工艺对象 |
| | Enable | 为 1 时轴启用，为 0 时轴禁止 |
| | StartMode | 为 0 时启用位置不受控的定位轴，为 1 时启用位置受控的定位轴 |
| | StopMode | 轴停止模式：为 0 时紧急停止，为 1 时立即停止 |
| | Status | 轴的使能状态：为 0 时轴停止，为 1 时轴已使能 |
| | Error | 运动控制指令错误状态 |
| | ErrorID | 运动控制指令错误 ID 代码 |
| | ErrorInfo | 运动控制指令错误信息 |

**（2）轴错误确认指令（表 7-2）**

表 7-2 轴错误确认指令及参数说明

| 梯形图指令使用 | 参数 | 含义 |
|---|---|---|
| | Axis | 轴工艺对象 |
| | Execute | 上升沿时启动命令 |
| | Done | 轴故障错误已确认 |
| | Busy | 正在执行命令 |
| | Error | 运动控制指令错误状态 |
| | ErrorID | 运动控制指令错误 ID 代码 |
| | ErrorInfo | 运动控制指令错误信息 |

## （3）轴回原点指令（表 7-3）

表 7-3　轴回原点指令及参数说明

| 梯形图指令使用 | 参数 | 含义 |
| --- | --- | --- |
| 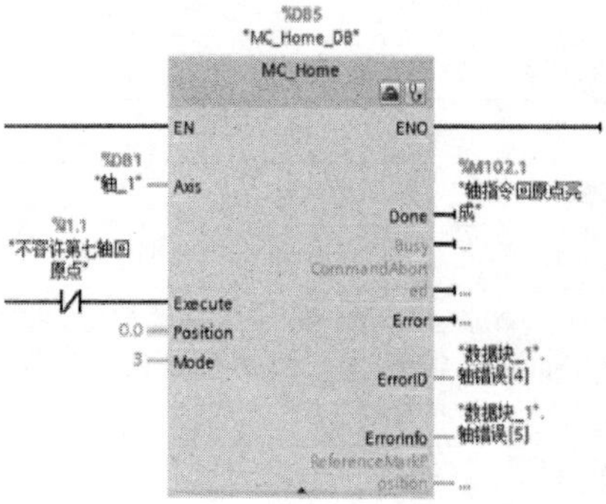 | Axis | 轴工艺对象 |
| | Execute | 上升沿时启动命令 |
| | Position | 归位模式为 0，2，3 时完成归位后，为轴的绝对位置；归位模式为 1 时，为当前轴位置的修正值 |
| | Mode | 归位模式，为 0 时绝对式直接回原点；为 1 时相对式直接回原点；为 2 时被动回原点；为 3 时主动回原点 |
| | Done | 回原点完成 |
| | Error | 运动控制指令错误状态 |
| | ErrorID | 运动控制指令错误 ID 代码 |
| | ErrorInfo | 运动控制指令错误信息 |

## （4）轴停止指令（表 7-4）

表 7-4　轴停止指令及参数说明

| 梯形图指令使用 | 参数 | 含义 |
| --- | --- | --- |
| 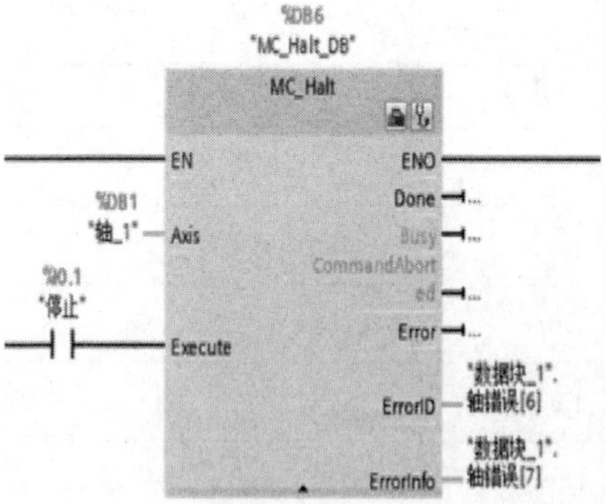 | Axis | 轴工艺对象 |
| | Execute | 上升沿时启动命令 |
| | Done | 轴暂停完成 |
| | Busy | 正在执行命令 |
| | Command Aborted | 命令在执行过程中被另一命令中止 |
| | Error | 运动控制指令错误状态 |
| | ErrorID | 运动控制指令错误 ID 代码 |
| | ErrorInfo | 运动控制指令错误信息 |

## （5）轴相对定位指令（表 7-5）

表 7-5　轴相对定位指令及参数说明

| 梯形图指令使用 | 参数 | 含义 |
| --- | --- | --- |
| 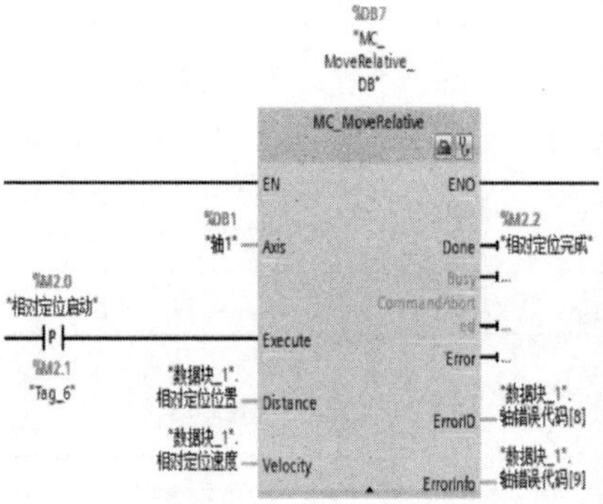 | Axis | 轴工艺对象 |
| | Execute | 上升沿时启动命令 |
| | Distance | 相对目标位置 |
| | Velocity | 轴的定位速度 |
| | Done | 达到绝对目标位置 |
| | Busy | 正在执行命令 |
| | Command Aborted | 命令在执行过程中被另一命令中止 |
| | Error | 运动控制指令错误状态 |
| | ErrorID | 运动控制指令错误 ID 代码 |
| | ErrorInfo | 运动控制指令错误信息 |

## （6）轴绝对定位指令（表 7-6）

表 7-6　轴绝对定位指令及参数说明

| 梯形图指令使用 | 参数 | 含义 |
| --- | --- | --- |
| 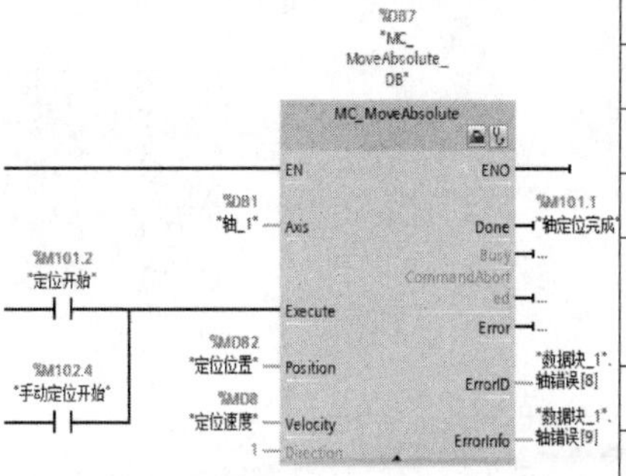 | Axis | 轴工艺对象 |
| | Execute | 上升沿时启动命令 |
| | Position | 绝对目标位置 |
| | Velocity | 轴的定位速度 |
| | Done | 达到绝对目标位置 |
| | Busy | 正在执行命令 |
| | Command Aborted | 命令在执行过程中被另一命令中止 |
| | Error | 运动控制指令错误状态 |
| | ErrorID | 运动控制指令错误 ID 代码 |
| | ErrorInfo | 运动控制指令错误信息 |

（7）轴 JOG 指令（表 7-7）

表 7-7　轴 JOG 指令及参数说明

| 梯形图指令使用 | 参数 | 含义 |
|---|---|---|
| %DB8<br>"MC_MoveJog_DB"<br>MC_MoveJog<br>EN　ENO<br>%DB1 "轴_1" — Axis　InVelocity<br>Busy<br>CommandAborted<br>%M102.6 "点动后退" — JogForward　Error<br>ErrorID — "数据块_1".轴错误[10]<br>%M102.5 "点动前进" — JogBackward　ErrorInfo — "数据块_1".轴错误[11]<br>%MD4 "手动速度设置HMI(1)" — Velocity<br>true — PositionControlled | Axis | 轴工艺对象 |
| | JogForward | 正向移动条件 |
| | JogBackward | 反向移动条件 |
| | Velocity | 设置 JOG 速度 |
| | InVelocity | 达到参数"Velocity"中指定的速度 |
| | Busy | 正在执行命令 |
| | Command Aborted | 命令在执行过程中被另一命令中止 |
| | Error | 运动控制指令错误状态 |
| | ErrorID | 运动控制指令错误 ID 代码 |
| | ErrorInfo | 运动控制指令错误信息 |

上文中的梯形图指令是从实际项目中截取的，这些指令是做伺服运动控制所必须要用到的一些指令，当然其中的参数需要根据程序控制方法自行设置，理解了伺服定位在梯形图中的用法对学习使用 SCL 语言实现伺服定位很有帮助。

# 7.3　运动控制 SCL 语句

（1）轴使能（图 7-12）

```
"MC_Power_DB_7"(Axis:="轴_1",
                Enable:="AlwaysTRUE",
                ErrorID=>"数据块_1".轴错误[0],
                ErrorInfo=>"数据块_1".轴错误[1]);
//轴1使能指令
```

图 7-12　轴使能 SCL 程序

### (2) 轴错误解除（图 7-13）

```
"MC_Reset_DB_3"(Axis:="轴_1",
                Execute:="伺服报警清除按钮HMI",
                ErrorID=>"数据块_1".轴错误[2],
                ErrorInfo=>"数据块_1".轴错误[3]);
//轴1错误解除指令
```

图 7-13　轴错误解除 SCL 程序

### (3) 轴回原点（图 7-14）

```
"MC_Home_DB_2"(Axis:="轴_1",
               Execute:= "数据块_1".上升沿辅助判断[0] AND "不容许第七轴回原点",

               ErrorID=>"数据块_1".轴错误[4],
               ErrorInfo=>"数据块_1".轴错误[5]);
//轴1回原点指令
```

图 7-14　轴回原点 SCL 程序

### (4) 轴暂停（图 7-15）

```
"MC_Halt_DB_1"(Axis:="轴_1",
               Execute:= "停止"  ,
               ErrorID=>"数据块_1".轴错误[6],
               ErrorInfo=>"数据块_1".轴错误[7]);

//轴1暂停指令
```

图 7-15　轴暂停 SCL 程序

### (5) 轴绝对定位（图 7-16）

```
"MC_MoveAbsolute_DB_1"(Axis:="轴_1",
                       Execute:="定位开始" OR "手动定位开始"  ,
                       Position:= "定位位置" ,
                       Velocity:= "定位速度" ,
                       ErrorID=>"数据块_1".轴错误[8],
                       ErrorInfo=>"数据块_1".轴错误[9]);
//轴1绝对定位指令
```

图 7-16　轴绝对定位 SCL 程序

### (6) 轴 JOG（图 7-17）

上面的指令写法是作者自己比较习惯的用法，当然很多人都习惯将轴定位指令拆解后分开表示，拆解后的表示如图 7-18 所示。

轴指令拆解后可以根据不同编程需求将参数放到不同的地方，确定这是同一个指令最方便的方法就是看 DB 块的编号，比如 DB_8、DB_9。每一个编号都只需要一个特意的定位指令，定位指令拆解后用起来方便，但是读起来非常不方便。

```
"MC_MoveJog_DB_1"(Axis:="轴_1",
                  JogForward:= "点动后退" ,
                  JogBackward:= "点动前进" ,
                  Velocity:="手动速度设置HMI(1)",
                  ErrorID=>"数据块_1".轴错误[10],
                  ErrorInfo=>"数据块_1".轴错误[11]);

//轴1JOG指令
```

图 7-17　轴 JOG SCL 程序

```
"MC_Power_DB_9"(Axis:="轴_1");

"MC_Power_DB_9".Enable := "AlwaysTRUE";

"数据块_1".轴错误[0] := "MC_Power_DB_9".ErrorID;

"数据块_1".轴错误[1] := "MC_Power_DB_9".ErrorInfo;
```

图 7-18　SCL 编程拆解轴指令

# 7.4　伺服自动取料实例

**(1) 项目要求**

某注塑公司有一批注塑机床，传统的方式是每次注塑机出料后人工去取料，现在需要实现机械手取代传统的人工取料，如图 7-19 所示。

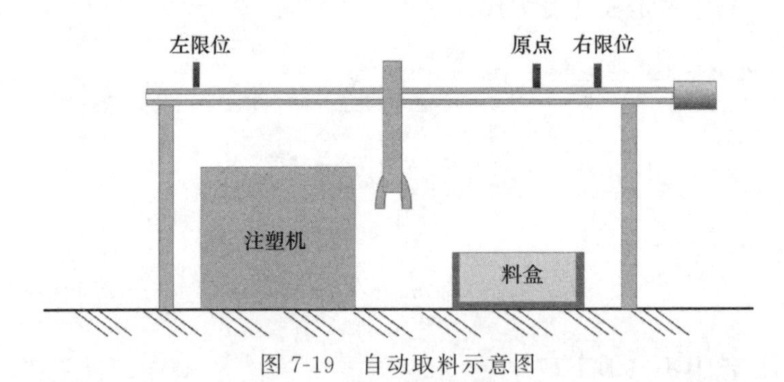


图 7-19　自动取料示意图

**(2) 编程思路**

① 机械手由一个伺服加一个气缸夹爪组成，伺服控制前后，气缸夹爪控制取料和放料。

② 当注塑机出料的时候给机械手一个信号，机械手的气缸开始伸出。

③ 机械手到达气缸中间的出料位后，气缸夹爪动作，将注塑产品夹紧。

④ 产品夹紧后，机械手退回。

⑤ 气缸夹爪松开，注塑产品放到物料盒里。

**(3) 轴组态（图 7-20）**

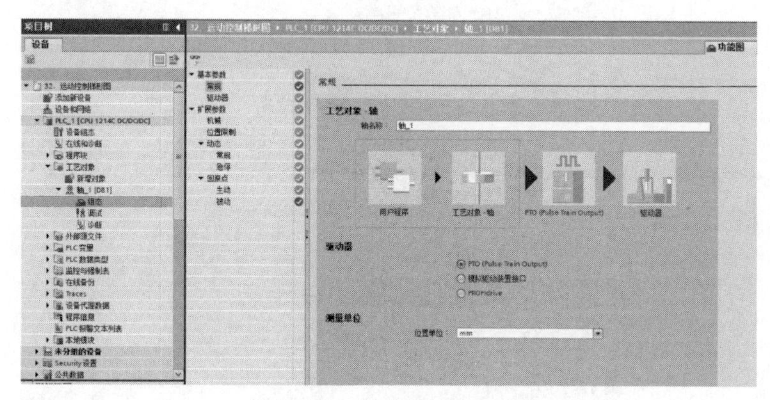


图 7-20　自动取料轴组态

**(4) 编写 SCL 程序**

① 手动程序，如图 7-21 所示。程序中第 1 句和第 2 句是手动控制伺服的程序，第 3 句是手动控制气缸夹爪。

```
1
2      "点动前进" := "手动JOG前进" AND "手动/自动切换按钮";
3      "点动后退" := "手动JOG后退" AND "手动/自动切换按钮";
4      "夹爪气缸" := "手动夹爪气缸手动" AND "手动/自动切换按钮";
5
6
```

图 7-21　自动取料程序 1 段——手动程序

② 自动程序，如图 7-22 所示。

```
IF "FirstScan" THEN
    "机器手运行步骤" := 0;
    "夹爪气缸" := FALSE;
END_IF;  //初始化赋值

"IEC_Timer_0_DB".TON(IN:="绝对定位完成",
                     PT:=T#5S,
                     Q=>"定位完成等待延时");              //机器手取料定位完成延时

"IEC_Timer_0_DB_1".TON(IN:="夹爪夹紧信号" OR "夹爪松开信号",
                       PT:=T#5S,
                       Q=>"夹爪等待延时");                //机器手取料定位完成延时
```

图 7-22

```
"设备已经启动" := ("启动" OR "设备已经启动") AND NOT "停止" AND NOT "急停" AND NOT "伺服报警";
//设备启动程序
IF "设备已经启动" AND NOT "手动/自动切换按钮" THEN

    CASE "机器手运行步骤" OF
  0:
            IF "注塑机出料信号" THEN
                "机器手运行步骤" := 1;              //当注塑机出产品时，PLC接收信号
            END_IF;
  1:
                "定位位置" := "机器手取注塑产品位置";
                "定位速度" := "机器手取注塑产品速度";
                "定位开始" := TRUE;
                IF "绝对定位完成" AND "定位完成等待延时" THEN
                    "机器手运行步骤" := 2;
                    "定位开始" := FALSE;
                END_IF;                              //机器手伸出取料位定位完成

   2:
                "夹爪气缸" := TRUE;
                IF "夹爪夹紧信号" AND "夹爪等待延时" THEN
                    "机器手运行步骤" := 3;
                END_IF;                              //夹爪气缸夹紧动正


  3:
                "定位位置" := "机器手放注塑产品位置";
                "定位速度" := "机器手取注塑产品速度";
                "定位开始" := TRUE;
                IF "绝对定位完成" AND "定位完成等待延时" THEN
                    "机器手运行步骤" := 4;
                    "定位开始" := FALSE;
                END_IF;                              //机器手退回放料位定位完成

  4:
                "夹爪气缸" := FALSE;
                IF "夹爪松开信号" AND "夹爪等待延时" THEN
                    "机器手运行步骤" := 0;         //夹爪气缸松开动作
                END_IF;
        END_CASE;
    END_IF;
```

图 7-22　自动取料程序 2 段——自动程序

③ 复位程序，如图 7-23 所示。

```
"设备复位中" := ("复位" OR "设备复位中") AND NOT "急停" AND NOT "轴回原点完成";

IF "设备复位中"   THEN
    "轴回原点" := TRUE;
ELSE
    "轴回原点" := FALSE;
END_IF;

IF "轴回原点完成" THEN
    "夹爪气缸" := FALSE;
END_IF;
```

图 7-23　自动取料程序 3 段——复位程序

④ 轴指令程序，如图 7-24 所示。

```
"R_TRIG_DB"(CLK:="手动回原点" OR "轴回原点",
            Q=>"数据块_1".上升沿辅助判断[0]);
```

```
"MC_Power_DB_7"(Axis:="轴_1",
                Enable:="AlwaysTRUE",
                ErrorID=>"数据块_1".轴错误[0],
                ErrorInfo=>"数据块_1".轴错误[1]);
//轴1使能指令

"MC_Reset_DB_3"(Axis:="轴_1",
                Execute:="伺服报警清除按钮HMI",
                ErrorID=>"数据块_1".轴错误[2],
                ErrorInfo=>"数据块_1".轴错误[3]);
//轴1错误解除指令

"MC_Home_DB_2"(Axis:="轴_1",
               Execute:= "数据块_1".上升沿辅助判断[0] ,
               Mode:=3,
               Done=>"轴回原点完成",
               ErrorID=>"数据块_1".轴错误[4],
               ErrorInfo=>"数据块_1".轴错误[5]);
//轴1回原点指令

"MC_Halt_DB_1"(Axis:="轴_1",
               Execute:= "停止" ,
               ErrorID=>"数据块_1".轴错误[6],
               ErrorInfo=>"数据块_1".轴错误[7]);

//轴1暂停指令

"MC_MoveAbsolute_DB_1"(Axis:="轴_1",
                       Execute:="定位开始" OR "手动定位开始" ,
                       Position:= "定位位置" ,
                       Velocity:= "定位速度" ,
                       Done=> "绝对定位完成",
                       ErrorID=>"数据块_1".轴错误[8],
                       ErrorInfo=>"数据块_1".轴错误[9]);
//轴1绝对定位指令

"MC_MoveJog_DB_1"(Axis:="轴_1",
                  JogForward:= "点动后退" ,
                  JogBackward:= "点动前进" ,
                  Velocity:="手动速度设置HMI(1)",
                  ErrorID=>"数据块_1".轴错误[10],
                  ErrorInfo=>"数据块_1".轴错误[11]);

//轴1JOG指令
```

图 7-24　自动取料程序 3 段——轴指令程序

# 第8章 通信

8.1 西门子S7-1200 PLC通信基础
8.2 S7通信实例
8.3 Modbus轮询编程实例

# 8.1 西门子 S7-1200 PLC 通信基础

**(1) 常用的通信方法介绍**

PLC 的通信为两部分，第一是硬件连接，第二是通信协议。表 8-1 为西门子 S7-1200 PLC 常用通信方法。

**表 8-1　西门子 PLC S7-1200 常用通信方法**

<table>
<tr><td rowspan="13">西门子<br>S7-1200 PLC 通信</td><td>连接方式</td><td>通信协议</td></tr>
<tr><td rowspan="5">以太网</td><td>TCP 通信</td></tr>
<tr><td>S7 通信</td></tr>
<tr><td>ISO on TCP 通信</td></tr>
<tr><td>UDP 通信</td></tr>
<tr><td>MODBUS TCP 通信</td></tr>
<tr><td>PROFIBUS DP</td><td>PROFIBUS</td></tr>
<tr><td rowspan="3">串口</td><td>PTP</td></tr>
<tr><td>MODBUS</td></tr>
<tr><td>USS</td></tr>
<tr><td>AS-I</td><td>AS-i 总线协议</td></tr>
<tr><td>CAN OPEN</td><td>CAN OPEN 通信</td></tr>
</table>

**(2) S7 通信简介**

S7 通信是西门子产品之间通信最常用最简单的通信协议，以西门子 S7-1200 PLC 为例，S7-1200 PLC 自带网口支持 S7 通信，S7 是单边通信，仅需要在客户端单边组态连接和编程，服务器端只准备好通信数据就可以了。

# 8.2 S7 通信实例

下面用两个西门子 S7-1200 PLC 做 S7 通信，将一个 PLC 作为主控制端，另一个作为从控制端。

**(1) 通信组态**

在两个 PLC 的 PROFINET 网口属性中设置 IP 地址，如图 8-1 所示。组态 S7 连接，如图 8-2、图 8-3 所示。

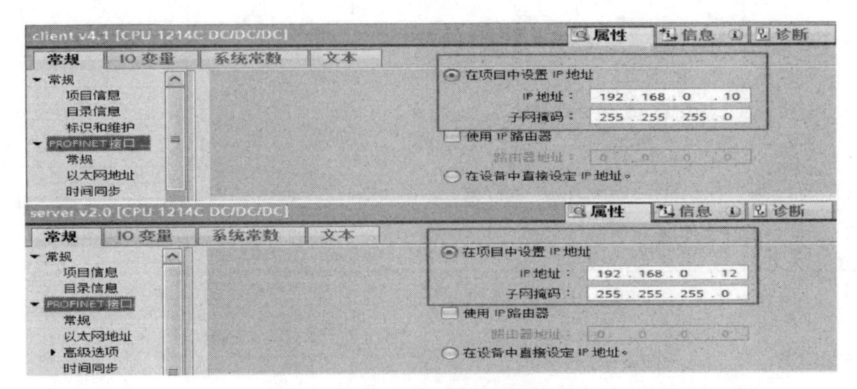


图 8-1　PROFINET 属性 IP 设置

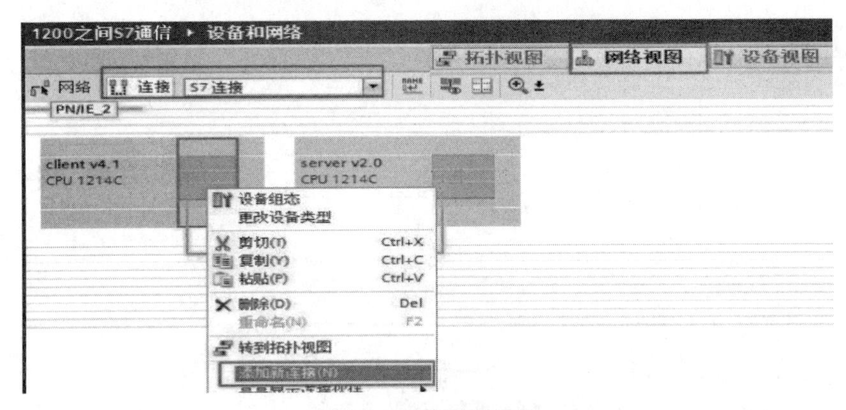


图 8-2　网络视图设置

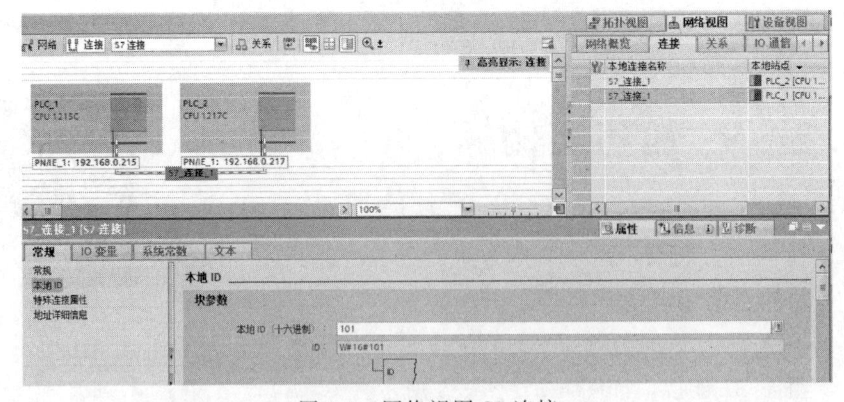


图 8-3　网络视图 S7 连接

(2) 通信指令

将一个 PLC 作为主通信控制端，编程读取数据和写入数据都放在主通信 PLC 里面。通信指令如图 8-4 所示。

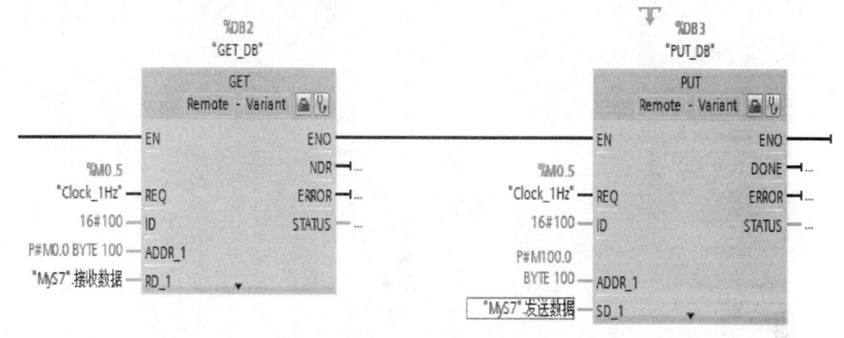


图 8-4 通信指令

① GET：从远程 CPU 读取数据指令的用法如下。

a. 指令“GET”的 REQ 参数，上升沿启动这个指令。

b. 指令“GET”的 ID 参数，用于指定与伙伴 CPU 连接的寻址参数。

c. 指令“GET”的 ADDR_1 参数，为通信对象的 CPU 待读取区域的指针。

d. 指令“GET”的 RD_1 参数，为本地 CPU 上用于存放接收数据的存储区。

② PUT 设置写入和发送参数用法如下。

a. 指令“PUT”的 REQ 参数，上升沿启动这个指令。

b. 指令“PUT”的 ID 参数，用于指定与伙伴 CPU 连接的寻址参数。

c. 指令“PUT”的 ADDR_1 参数，为通信对象的 CPU 待写入区域的指针地址。

d. 指令“PUT”的 SD_1 参数，为本地 CPU 上用于存放发送数据的存储区。

(3) 主通信端创建数据块

在 S7-1200 主连接段创建 DB 块，用于存放发送数据和接收数据，数组定义成字节的数组，如图 8-5 所示。

(4) 服务端创建变量表

服务端 PLC 变量表里面创建 BYTE 变量，用于与主通信端交换数据，如图 8-6 所示。

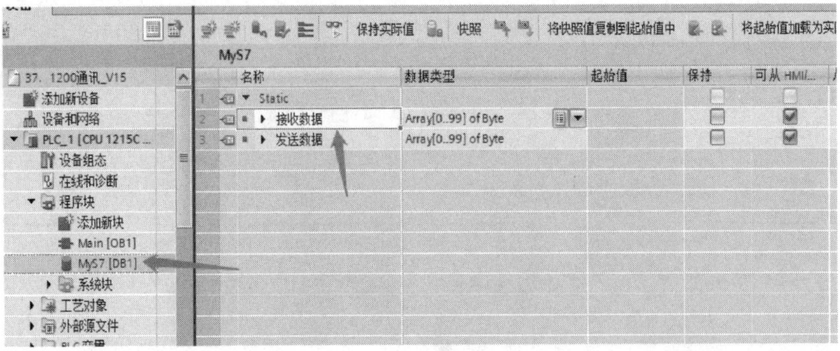

| | 名称 | 数据类型 | 起始值 | 保持 | 可从 HMI/... |
|---|---|---|---|---|---|
| 1 | ▼ Static | | | | |
| 2 | ▸ 接收数据 | Array[0..99] of Byte | | ☐ | ☑ |
| 3 | ▸ 发送数据 | Array[0..99] of Byte | | ☐ | ☑ |

图 8-5　通信数据 DB 块

| | 名称 | 数据类型 | 地址 | 保持 | 可从... | 从 H... | 在 H... |
|---|---|---|---|---|---|---|---|
| 1 | 主通信伙伴要读取数据1 | Byte | %MB0 | ☐ | ☑ | ☑ | ☑ |
| 2 | 主通信伙伴要读取数据2 | Byte | %MB1 | ☐ | ☑ | ☑ | ☑ |
| 3 | 主通信伙伴要读取数据3 | Byte | %MB2 | ☐ | ☑ | ☑ | ☑ |
| 4 | 主通信伙伴要读取数据4 | Byte | %MB3 | ☐ | ☑ | ☑ | ☑ |
| 5 | 主通信伙伴要读取数据5 | Byte | %MB4 | ☐ | ☑ | ☑ | ☑ |
| 6 | 主通信伙伴要读取数据6 | Byte | %MB5 | ☐ | ☑ | ☑ | ☑ |
| 7 | 主通信PLC写入数据1 | Byte | %MB100 | ☐ | ☑ | ☑ | ☑ |
| 8 | 主通信PLC写入数据2 | Byte | %MB101 | ☐ | ☑ | ☑ | ☑ |
| 9 | 主通信PLC写入数据3 | Byte | %MB102 | ☐ | ☑ | ☑ | ☑ |
| 10 | 主通信PLC写入数据4 | Byte | %MB103 | ☐ | ☑ | ☑ | ☑ |
| 11 | 主通信PLC写入数据5 | Byte | %MB104 | ☐ | ☑ | ☑ | ☑ |
| 12 | 主通信PLC写入数据6 | Byte | %MB105 | ☐ | ☑ | ☑ | ☑ |
| 13 | Tag_2 | Bool | %M300.0 | ☐ | ☑ | ☑ | ☑ |
| 14 | <添加> | | | ☐ | ☑ | ☑ | ☑ |

图 8-6　服务端变量表

### (5) 编写 SCL 程序（图 8-7）

```
"GET_DB_1"(REQ:="Clock_1Hz",
           ID:=16#101,
           ADDR_1:=P#M0.0 BYTE 100,
           RD_1:="MyS7".接收数据);
//读取通信伙伴MB0-MB99，100个字节的数据，存入到本PLC数据块

"PUT_DB_1"(REQ:="Clock_1Hz",
           ID:=16#101,
           ADDR_1:=P#M100.0 BYTE 100,
           SD_1:="MyS7".发送数据);
//将本PLC数据块中的数据，写入到通信伙伴BM100-BM199，100个字节中
```

图 8-7　S7 通信 SCL 编程

## 8.3 Modbus轮询编程实例

**(1) 项目要求**

用一个西门子 S7-1200 PLC 控制两个变频器的转速和转速监控，接线方式用 RS 485，通信协议用 Modbus-RTU。

**(2) 编程思路**

① PLC 要做 Modbus-RTU 通信，必须添加 RS 485 通信模块。

② Modbus-RTU 属于主从通信，这个项目中 S7-1200 PLC 为主站，变频器为从站，主从模式可以一带多，这个项目是一带二。

③ Modbus-RTU 通信除了 PLC 要写通信程序，在变频器端也要设置通信参数。

**(3) 通信模块参数设置**

用 RS 485 通信需要设置接线方式、波特率、奇偶校验、数据位、停止位等参数，如图 8-8 所示。这些通信参数需要与从站的通信参数相对应，通信调试经常会因为参数设置问题而失败，所以设置参数时一定要仔细。

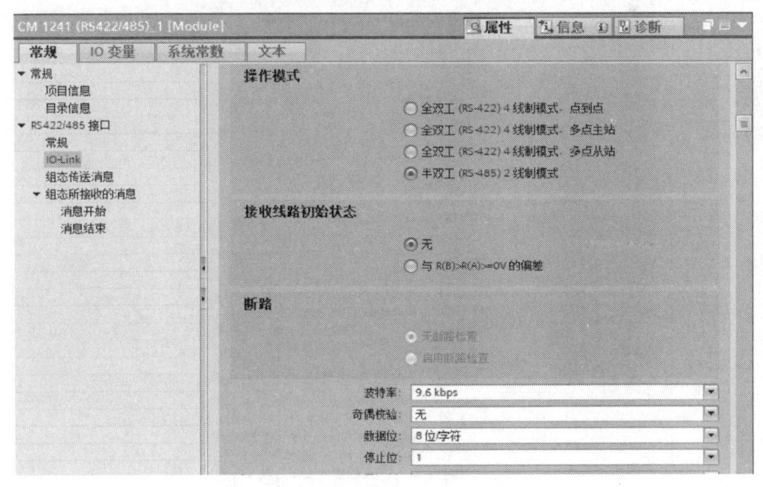


图 8-8 RS 485 参数设置

**(4) 编写 SCL 程序**

PLC 作为主站，做一个 Modbus-RTU 通信至少需要两个指令：Modbus_Comm_Load 指令和 Modbus_Master 指令。Modbus_Comm_Load 指

令通过 Modbus-RTU 协议对用于通信的通信模块端口进行组态。Modbus_Master 指令可通过由 Modbus_Comm_Load 指令组态的端口作为 Modbus 主站进行通信，这个指令，可以作为参数写入指令，又可以作为参数读取指令。

通信指令编程如图 8-9 所示。

```
"Modbus_Comm_Load_DB_1"(REQ := "FirstScan",//启动条件
                        "PORT" := 269,//硬件标识符
                        BAUD := 9600,//波特率
                        PARITY := 1,//奇偶效验
                        RESP_TO := 1000,
                        MB_DB := "Modbus_Master_DB".MB_DB);//通信指令背景数据块
//MODBUS通信指令，参数写入
//

"Modbus_Master_DB_1"(REQ :="通信状态".通信启动条件[0],//启动条件
                     MB_ADDR := 2,//从站站号
                     MODE := 1,//读写模式
                     DATA_ADDR := 16#2001,//变频器地址
                     DATA_LEN := 1,//访问字数
                     DONE => "通信状态".通信完成[0],
                     BUSY => "通信状态".通信状态[0],
                     ERROR => "通信状态".通信故障[0],
                     STATUS => "通信状态".错误代码[0],
                     DATA_PTR := P#DB11.DBX0.0 WORD 1);
//MODBUS通信指令，数据写入变频器1
//

"Modbus_Master_DB_1"(REQ := "通信状态".通信启动条件[1],//启动条件
                     MB_ADDR := 3,//从站站号
                     MODE := 1,//读写模式
                     DATA_ADDR := 16#2001,//变频器地址
                     DATA_LEN := 1,//访问字数
                     DONE => "通信状态".通信完成[1],
                     BUSY => "通信状态".通信状态[1],
                     ERROR => "通信状态".通信故障[1],
                     STATUS => "通信状态".错误代码[1],
                     DATA_PTR := P#DB11.DBX2.0 WORD 1);
//MODBUS通信指令，数据写入变频器2
//
"Modbus_Master_DB_1"(REQ :="通信状态".通信启动条件[2],//启动条件
                     MB_ADDR := 2,//从站站号
                     MODE := 0,//读写模式
                     DATA_ADDR := 16#2103,//变频器地址
                     DATA_LEN := 1,//访问字数
                     DONE => "通信状态".通信完成[2],
                     BUSY => "通信状态".通信状态[2],
                     ERROR => "通信状态".通信故障[2],
                     STATUS => "通信状态".错误代码[2],
                     DATA_PTR := P#DB11.DBX4.0 WORD 1);
//MODBUS通信指令，数据读取变频器1
"Modbus_Master_DB_1"(REQ := "通信状态".通信启动条件[3],//启动条件
                     MB_ADDR := 3,//从站站号
                     MODE := 0,//读写模式
                     DATA_ADDR :=16#2103,//变频器地址
                     DATA_LEN := 1,//访问字数
                     DONE => "通信状态".通信完成[3],
                     BUSY => "通信状态".通信状态[3],
                     ERROR => "通信状态".通信故障[3],
                     STATUS => "通信状态".错误代码[3],
                     DATA_PTR := P#DB11.DBX6.0 WORD 1);
//MODBUS通信指令，数据读取变频器2
```

图 8-9　SCL 编程 Modbus 通信

Modbus-RTU通信除了通信指令之外，还需要控制通信条件，也就是什么时候读取数据，什么时候写入数据，因为这个通信有两个从站，所以需要轮流地对两个从站进行读取和写入数据，在控制方法里面叫做轮询。Modbus通信控制程序轮询方法如图8-10所示。

```
IF "通信启动按钮" THEN
    "轮询位置" := 10;
END_IF;
CASE "轮询位置" OF
    10:
        "通信状态".通信开始[0] := TRUE;
        IF "通信状态".通信完成[0] THEN
            "轮询位置" := 20;
            "通信状态".通信开始[0] := FALSE;
        END_IF;
    20:
        "通信状态".通信开始[1] := TRUE;
        IF "通信状态".通信完成[1] THEN
            "轮询位置" := 30;
            "通信状态".通信开始[1] := FALSE;
        END_IF;
    30:
        "通信状态".通信开始[2] := TRUE;
        IF "通信状态".通信完成[2] THEN
            "轮询位置" := 40;
            "通信状态".通信开始[2] := FALSE;
        END_IF;
    40:
        "通信状态".通信开始[3] := TRUE;
        IF "通信状态".通信完成[3] THEN
            "轮询位置" := 10;
            "通信状态".通信开始[3] := FALSE;
        END_IF;
END_CASE;
```

图8-10　SCL编程Modbus通信轮询控制

# 第9章
# SCL语言高级算法

# 9.1 常规数组赋值

**(1) 变量表直接赋值**

变量表直接赋值即在 DB 块创建好数组后，在数组中直接进行赋值。如图 9-1 所示。

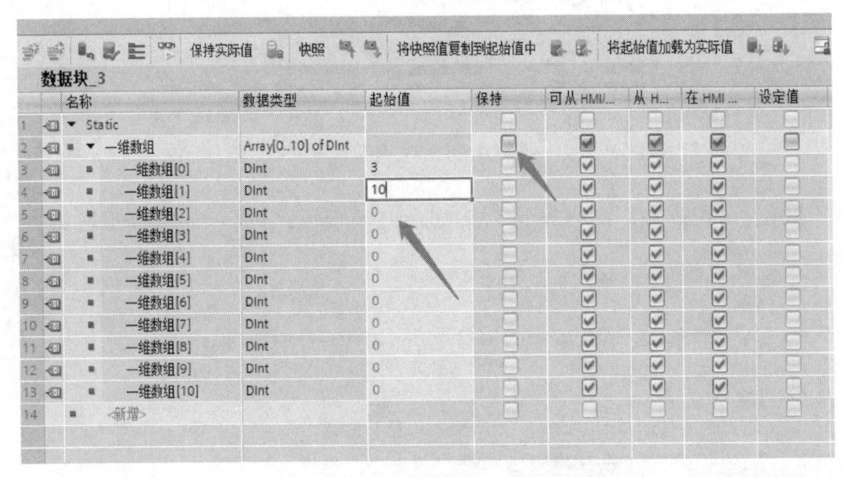

保持实际值　快照　将快照值复制到起始值中　将起始值加载为实际值

数据块_3

| | 名称 | 数据类型 | 起始值 | 保持 | 可从 HMI/... | 从 H... | 在 HMI ... | 设定值 |
|---|---|---|---|---|---|---|---|---|
| 1 | Static | | | | | | | |
| 2 | 一维数组 | Array[0..10] of DInt | | | | | | |
| 3 | 一维数组[0] | DInt | 3 | | | | | |
| 4 | 一维数组[1] | DInt | 10 | | | | | |
| 5 | 一维数组[2] | DInt | 0 | | | | | |
| 6 | 一维数组[3] | DInt | 0 | | | | | |
| 7 | 一维数组[4] | DInt | 0 | | | | | |
| 8 | 一维数组[5] | DInt | 0 | | | | | |
| 9 | 一维数组[6] | DInt | 0 | | | | | |
| 10 | 一维数组[7] | DInt | 0 | | | | | |
| 11 | 一维数组[8] | DInt | 0 | | | | | |
| 12 | 一维数组[9] | DInt | 0 | | | | | |
| 13 | 一维数组[10] | DInt | 0 | | | | | |
| 14 | <新增> | | | | | | | |

图 9-1　DB 块创建一维数组

**(2) 在程序中赋值**

数组初始化赋值是常用的一种方法，首先在数据块中创建数组，用初始化块或者初始化脉冲进行数组赋值，如图 9-2 所示。

数据块_3

| | 名称 | 数据类型 | 起始值 | 保持 | 可从 HMI/... | 从 H... | 在 HMI ... | 设定值 |
|---|---|---|---|---|---|---|---|---|
| 1 | Static | | | | | | | |
| 2 | 一维数组 | Array[0..9] of DInt | | | | | | |
| 3 | X轴伺服位置 | Array[0..9] of Real | | | | | | |
| 4 | X轴伺服位置[0] | Real | 0.0 | | | | | |
| 5 | X轴伺服位置[1] | Real | 0.0 | | | | | |
| 6 | X轴伺服位置[2] | Real | 0.0 | | | | | |
| 7 | X轴伺服位置[3] | Real | 0.0 | | | | | |
| 8 | X轴伺服位置[4] | Real | 0.0 | | | | | |
| 9 | X轴伺服位置[5] | Real | 0.0 | | | | | |
| 10 | X轴伺服位置[6] | Real | 0.0 | | | | | |
| 11 | X轴伺服位置[7] | Real | 0.0 | | | | | |
| 12 | X轴伺服位置[8] | Real | 0.0 | | | | | |
| 13 | X轴伺服位置[9] | Real | 0.0 | | | | | |

图 9-2　DB 块创建位置一维数组

初始化赋值 SCL 程序如图 9-3 所示。

```
1  IF "FirstScan"
2  THEN
3      "数据块_3".X轴伺服位置[0] := 1100;
4      "数据块_3".X轴伺服位置[1] := 9006;
5      "数据块_3".X轴伺服位置[2] := 3500;
6      "数据块_3".X轴伺服位置[3] := 508;
7      "数据块_3".X轴伺服位置[4] := 715;
8      "数据块_3".X轴伺服位置[5] := 770;
9      "数据块_3".X轴伺服位置[6] := 1200;
10     "数据块_3".X轴伺服位置[7] := 520;
11     "数据块_3".X轴伺服位置[8] := 708;
12     "数据块_3".X轴伺服位置[9] := 900;
13 END_IF;                                 //数据块赋值
```

图 9-3　一维数组初始化直接赋值 SCL 程序

根据程序要求，在程序运行的过程中对数组赋值，如图 9-4 所示。

```
48 CASE "DB_Process".astrStepHome[2, 1].diNo OF
49     0:
50         "DB_Process".astrStepHome[2, 1].sNote := 'Initial step';
51
52     100:
53         "DB_Station".astrControl[2].abExchange[1] := FALSE;
54         "DB_Process".astrStepHome[2, 1].diNo := 1000;
55
56     1000:   //02-01压合A伺服使能
57         "DB_Process".astrStepHome[2, 1].sNote := '02-01# axis enable';
58         "DB_Hmi".astrAxis[2, 1].bEnable := TRUE;
59         IF "DB_Hmi".astrAxis[2, 1].bReady AND #IEC_Timer_Home[2, 1].Q AND
60             "DB_Station".astrControl[4].bHomed AND "DB_Station".astrControl[2].bHomeActive THEN
61             "DB_Process".astrStepHome[2, 1].diNo := 10000;
62         END_IF;
63 END_CASE;
```

图 9-4　在程序中数组赋值

FOR 循环语句对数组赋值是程序赋值中的一种，非常适用于一些规律的数组赋值，如图 9-5 所示。

```
IF "按钮1" THEN
    "K" := 0;
    "J" := 0;
    FOR "数据块_1".B := 0 TO 100 BY 1 DO
        "数据块_1".数据存储区["数据块_1".B] := "J";
        "J" := "J" + 2;
    END_FOR;
END_IF;
//给数组赋值
```

图 9-5　FOR 循环对数组赋值

## 9.2 寻找最大值/最小值

寻找最大值和寻找最小值是高级语言算法必学的基础知识之一，用 SCL 语言做高级算法，必须掌握寻找最大值/最小值。

**(1) 创建变量表（图 9-6）**

在 DB 块里面创建变量，数据类型用结构体 Struct。将数组和其他变量放到结构体中。当然用变量表创建变量也可以。结构体即由一系列具有相同类型或不同类型的数据构成的数据集合，结构体常用于一些大项目中的数据打包分类。

数据块_1

| | 名称 | 数据类型 | 起始值 | 保持 | 可从 HMI/... | 从 H... | 在 HMI ... | 设定值 |
|---|---|---|---|---|---|---|---|---|
| 1 | ▼ Static | | | ☐ | ☐ | ☐ | ☐ | ☐ |
| 2 | ▼ 寻找最大值数据类型 | Struct | | ☐ | ☑ | ☑ | ☑ | ☐ |
| 3 | ▶ 数据存储区 | Array[0..100] of DInt | | ☐ | ☑ | ☑ | ☑ | ☐ |
| 4 | J | Int | 0 | ☐ | ☑ | ☑ | ☑ | ☐ |
| 5 | B | Int | 0 | ☐ | ☑ | ☑ | ☑ | ☐ |
| 6 | E | DInt | 0 | ☐ | ☑ | ☑ | ☑ | ☐ |

| 名称 | 数据类型 | 地址 | 保持 | 可从 HMI/... | 从 H... | 在 HMI ... |
|---|---|---|---|---|---|---|
| X | Int | %MW10 | ☐ | ☑ | ☑ | ☑ |
| Y | Int | %MW30 | ☐ | ☑ | ☑ | ☑ |

图 9-6 创建变量表

**(2) 编写 SCL 程序（图 9-7）**

```
IF "按钮1" THEN
    "数据块_1".寻找最大值数据类型.J:= 0;
    FOR "数据块_1".寻找最大值数据类型.B := 0 TO 100 BY 1 DO
        "数据块_1".寻找最大值数据类型.数据存储区["数据块_1".寻找最大值数据类型.B] :="数据块_1".寻找最大值数据类型.J;
        "数据块_1".寻找最大值数据类型.J := "数据块_1".寻找最大值数据类型.J + 2;
    END_FOR;
END_IF;
//第一步，给数组赋值

IF "按钮2" THEN
    "X" := 1;
    FOR "Y" := 0 TO 100 BY 1 DO
        IF "数据块_1".寻找最大值数据类型.数据存储区["X"] < "数据块_1".寻找最大值数据类型.数据存储区["Y"] THEN
            "X" := "Y";
            //数组X和数组Y比较，找到更大的值，将更大的值拿来做比较标准，最终得到最大值//
        END_IF;
    END_FOR;
    "数据块_1".寻找最大值数据类型.E := "数据块_1".寻找最大值数据类型.数据存储区["X"];
END_IF;
//第二步，找出数组中的最大数//
```

图 9-7 寻找最大值 SCL 编程

**(3) 编程思路分析**

① 要将一系列数据放到数组里面，可选择 FOR 循环赋值。

② 程序中当“按钮 1”接通时用 FOR 循环将数组赋值，后一个数组的值等于前一个数据加 2。

③ 找最大值也是用 FOR 循环和 IF 相互嵌套，每一个 FOR 循环都用数组编号“X”和“Y”的值做比较，将最大的值放到 X 里面，循环结束之后，X 的值就是数组循环次数里面的最大值。

④ 循环结束后，将最大值读取出来。

## 9.3 换位算法数据排列

**(1) 程序要求**

对一组数据进行数据排列，排列的顺序是从大到小（或者从小到大）。

**(2) 编程思路**

要做数据排列，必须要将一组数据按照大小逐步提取。可使用换位法进行数据排列。

换位法编程思路：先找到原始数组的最大值（最小值），将最大值（最小值）传送到另外一个排列数组的最低位或最高位，当然排列数组的编号随着传送次数的增加而改变。

**(3) 编写 SCL 程序（图 9-8）**

```
IF "按钮1" THEN
    "数据块_1".寻找最大值数据类型.J:= 0;
    FOR "数据块_1".寻找最大值数据类型.B := 0 TO 100 BY 1 DO
        "数据块_1".寻找最大值数据类型.数据存储区["数据块_1".寻找最大值数据类型.B] :="数据块_1".寻找最大值数据类型.J;
        "数据块_1".寻找最大值数据类型.J := "数据块_1".寻找最大值数据类型.J + 2;
    END_FOR;
END_IF;
//第一步，给数组赋值

"R_TRIG_DB"(CLK := "按钮3",
          Q => "数据块_1".上升沿状态[1]);

IF "数据块_1".上升沿状态[1] THEN
    "X" := 0;
    FOR "A" := 0 TO 100 BY 1 DO
        FOR "i" := 0 TO 100 BY 1 DO
            IF "数据块_1".寻找最大值数据类型.数据存储区["X"] < "数据块_1".寻找最大值数据类型.数据存储区["i"]
            THEN
                "X" := "i";
                //数组X和数组Y比较，找到更大的值，将更大的值拿来做比较标准，最终得到最大值//
            END_IF;
        END_FOR;
        "数据块_1".数据2["A"] := "数据块_1".寻找最大值数据类型.数据存储区["X"];
        "数据块_1".寻找最大值数据类型.数据存储区["X"] := 0;
    END_FOR;
END_IF;
```

图 9-8 换位算法 SCL 编程

**(4) 编程思路分析**

① 算法框架由两个嵌套的FOR循环控制，每一个FOR语句有不同的作用。

② 启动条件用“按钮3”的上升沿，由于嵌套的FOR循环只要执行一个循环周期就可以了，所以只能用上升沿驱动。

③ 内部的一个FOR循环用于找到数组“数据存储器”内部的最大值(最小值)，将找到的值放到数组“数据2”中进行重新排列。

④ 将数组“数据存储器”的内部值重新排列后放到数组“数据2”中，即换位法。

上述换位法有一个小小的缺陷，即每次数据排列完成都会将原有的数据块清零。读者可自行考虑如何改善这一缺陷。

> **提示** ①用一个中间数组将原始数据进行转换和保存；②用FOR减循环，将数组从小到大排列。

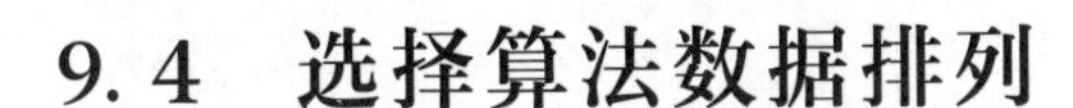

## 9.4 选择算法数据排列

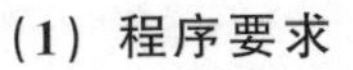

**(1) 程序要求**

对一组数据进行数据排列，排列的顺序可以是从大到小（从小到大）。

**(2) 编程思路**

要做数据排列，必须要将一组数据按照大小逐步提取。可用选择法进行数据排列。

选择法思路：用数组里面编号相对最小（最大）的元素作为基准值，依次与其他的数组元素比较。将相对较大的值提取出来放到基准值，每一次循环结束，基准值都是最大值。多次循环后就可进行排列。当然排列数组的编号随着外层循环次数的改变而改变。

**(3) 编写SCL程序（图9-9）**

```
IF "数据块_1".选择法.赋值  THEN
    "数据块_1".选择法.FOR变量1 := 0;
    FOR "B" := 0 TO 100 BY 1 DO
        "数据块_1".选择法.初始["B"] := "数据块_1".选择法.FOR变量1;
        "数据块_1".选择法.FOR变量1 :="数据块_1".选择法.FOR变量1 + 2;
    END_FOR;
END_IF;
//第一步，给数组赋值
```

图 9-9

```
IF "数据块_1".选择法.保存 THEN
    FOR "C":= 0 TO 100 BY 1 DO
        "数据块_1".选择法.结果[ "C"] :="数据块_1".选择法.初始["C"];
    END_FOR;
    //第二步将原始数据放到中间数组里面
END_IF;

IF "按钮4" THEN
    FOR "A" := 0 TO 100 BY 1 DO
        FOR "i" := 0 TO 100 - "A" BY 1 DO
            IF "数据块_1".选择法.结果["A"] < "数据块_1".选择法.结果["i" + "A"]
                //将数组0-数组100按照大小顺序依次拿来作位初始比较基准数
            THEN
                "数据块_1".C := "数据块_1".选择法.结果["A"];
                "数据块_1".选择法.结果["A"] := "数据块_1".选择法.结果["i" + "A"];
                "数据块_1".选择法.结果["i" + "A"] := "数据块_1".C;
                //当数组中的比较基准值需要改变的时候，将原基准值与最大/最小值对调
                //步骤:
                //1，先将数组中的原比较基准数放到一个独立的存储器里面
                //2，将当前比较的最大数/最小数，拿来做基准数
                //3，将原基准值放到最大值/最小值数组里面
            END_IF;
        END_FOR;
    END_FOR;
END_IF;
```

图 9-9　选择算法 SCL 编程

### (4) 编程思路分析

① 要对数组进行赋值。

② 将已经赋值的数据保存到中间过渡数组中，用中间数组进行运算，对原始数组进行保护。

③ 用数组里面“结果["A"]”和“结果["i"+"A"]”进行比较，如果“结果［“i""+"A"]”较大时，将“结果["A"]”与“结果[“i""+"A"]”互换，“结果["A"]”为每次数组执行时的相对最低位数组。所以每次循环都会将最大值挑选出来放到数组的相对最低位。

## 9.5 冒泡法数据排列

### (1) 程序要求

对一组数据进行数据排列，排列的顺序可以是从大到小（或从小到大）。

### (2) 编程思路

要做数据排列，必须要将一组数据按照大小逐步提取。可用冒泡法进

行数据排列。

冒泡法思路：首先将一个低位数组拿来作基准值，用高位数组依次与基准值进行比较运算，当比较条件成立时，将数据大的数组元素拿来作基准值，再依次进行比较。多个循环之后，就可以完成数据排列。

**（3）编写 SCL 程序（图 9-10）**

```
IF "数据块_1".冒泡法.赋值按钮 THEN
    "数据块_1".冒泡法.赋值运算 := 0;
    FOR "C" := 0 TO 100 BY 1 DO
        "数据块_1".冒泡法.初始["C"] := "数据块_1".冒泡法.赋值运算;
        "数据块_1".冒泡法.赋值运算 := "数据块_1".冒泡法.赋值运算 + 2;
    END_FOR;
END_IF;

//第一步，数组赋值

IF "数据块_1".冒泡法.转移按钮 THEN
    FOR "D" := 0 TO 100 BY 1 DO
        "数据块_1".冒泡法.结果["D"] := "数据块_1".冒泡法.初始["D"];
    END_FOR;
END_IF;
//第二步将原始数据放到中间数组里面

IF "数据块_1".上升沿状态[3] THEN

    FOR "H" := 0 TO 100 BY 1 DO
        "X" := "H";//比较的基准数都是数组低位到高位依次上升
        FOR "Y" := 0 TO 100 - "H" BY 1 DO//根据H的值，决定扫描次数，数组地位以及赋值，不用再循环
            IF  "数据块_1".冒泡法.结果["X"] < "数据块_1".冒泡法.结果["Y"+"H"] THEN
                //以H作位基准，数组H以下的值都已经排列好，不用比较。
                "X" := "Y" + "H";
                //将数组H位以上的最大值，传送给X。
            END_IF;
        END_FOR;
        "数据块_1".F :=  "数据块_1".冒泡法.结果["H"];
         "数据块_1".冒泡法.结果["H"] :=  "数据块_1".冒泡法.结果["X"];
         "数据块_1".冒泡法.结果["X"] := "数据块_1".F;
        //将最大值/最小值，与数组H里面的值对调。
    END_FOR;

END_IF;
```

图 9-10　冒泡法 SCL 编程

**（4）程序思路分析**

① 对数组进行赋值。

② 将赋值的数据保存在要运算的数组里面。

③ 用数组里面“结果["X"]”作为基准值，与“结果["Y"+"H"]”进行比较，如果当“结果["Y"+"H"]”较大时，将“结果["Y"+"H"]”作为基准值，继续与其他数组进行比较。一个循环结束后，基准值就是最大值。找到相对最大值后提取出来，就可以形成数据排列。

# 9.6 百钱买百鸡实例

**（1）程序要求**

我国古代数学家张丘建在《算经》一书中曾提出著名的“百钱买百鸡”问题。即公鸡一只五块钱，母鸡一只三块钱，小鸡三只一块钱，现在要用一百块钱买一百只鸡，问公鸡、母鸡、小鸡各买多少只?

解决这一问题可采用枚举法，即将可能出现的情况全部列举出来，从中找到正确的结果。枚举法本质上属于搜索算法，优点是可靠性高，缺点是速度慢。

**（2）编程思路**

可将该问题抽象成数学方程式组。设公鸡 $X$ 只，母鸡 $Y$ 只，小鸡 $Z$ 只，得到以下方程式组：

$5X+3Y+1/3Z=100$

$X+Y+Z=100$

在解这个方程式的时候需要注意：

$0<X<100$

$0<Y<100$

$0<Z<100$

编程思路即用枚举法进行假设：

① 首先假设买公鸡 0 只，母鸡 0 只，小鸡 $Z$ 只，套用两个公式，看是否成立；如果不能成立，则假设公鸡 0 只，母鸡 0 只，小鸡 $Z+1$ 只，看是否成立；如果还不成立，则公鸡 0 只，母鸡 0 只，小鸡 $Z+1+1+N$（0～100）只。

② 假设买公鸡 0 只，母鸡 $Y$ 只，小鸡 $Z+1+1+N$（0～100）只，套用两个公式，如果不成立，则公鸡 0 只，母鸡 $Y+1+1+N$（0～100）只，小鸡 $Z+1+1+N$（0～100）只。

③ 假设买公鸡 $X$ 只，母鸡 $Y+1+1+N$（0～100）只，小鸡 $Z+1+1+N$（0～100）只，套用两个公式，如果不成立，则公鸡 $X+1+1+N$（0～100）只，母鸡小鸡 $Z+1+1+N$（0～100）只，小鸡 $Z+1+1+N$（0～100）只。

④ 所有的假设列举出来后，排除掉 $X$、$Y$、$Z$ 等于 0 的值，就能找出所有答案。

⑤ 将答案放到不同的数组里面。

**(3) 编写 SCL 程序（图 9-11）**

```
IF "数据块_2".程序启动 THEN
    "int2" := 0;
    FOR "数据块_2".X := 0 TO 100 BY 1 DO
        FOR "数据块_2".Y := 0 TO 100 BY 1 DO
            FOR "数据块_2".Z := 0 TO 100 BY 1 DO
                "数据块_2".公鸡X := "数据块_2".X;
                "数据块_2".母鸡Y := "数据块_2".Y;
                "数据块_2".小鸡Z := "数据块_2".Z;
                IF "数据块_2".公鸡X + "数据块_2".母鸡Y + "数据块_2".小鸡Z = 100
                    AND (5 * "数据块_2".公鸡X )+ (3 * "数据块_2".母鸡Y) + ("数据块_2".小鸡Z /3) = 100
                    AND "数据块_2".公鸡X >0 AND "数据块_2".母鸡Y >0 AND "数据块_2".小鸡Z>0

                THEN
                    "数据块_2".计算结果1["int2", 0] := "数据块_2".公鸡X;
                    "数据块_2".计算结果1["int2", 1] := "数据块_2".母鸡Y;
                    "数据块_2".计算结果1["int2", 2] := "数据块_2".小鸡Z;
                    "int2" := "int2" + 1;
                END_IF;
            END_FOR;
        END_FOR;
    END_FOR;
    //通过多个FOR循环列出所有的可能，同时进行条件测试，利用变量将不同的结果保存在数组里。//
END_IF;
```

图 9-11　百钱买百鸡算法 SCL 编程

**(4) 编程思路分析**

① 程序使用了三个 FOR 循环，分为内、中、外。当程序运行的时候，外部 FOR 执行一次循环时中层 FOR 循环执行了 100 次，内层的 FOR 循环则执行了 100×100 次。

② 将 FOR 循环的变量代入鸡的数量，以此来进行数据的变化。

③ 在此程序中，将所有可能出现的情况全部用 FOR 循环列举出来，再配合需要的条件，就可以将想要的结果全部找出来了。

④ 用三层嵌套的 FOR 循环，*X*、*Y*、*Z* 分别代表列举公鸡、母鸡和小鸡的可配置的数量。

# 9.7　多维数组

**(1) 二维数组的写法**

方法 1：直接在“数据块”里面编写二维数组数据类型。格式如图 9-12 所示。

方法 2：自建数据类型，在项目树下的 PLC 数据类型中创建数组数据类型，再到数据块里面调用创建的数据类型。方法如下：

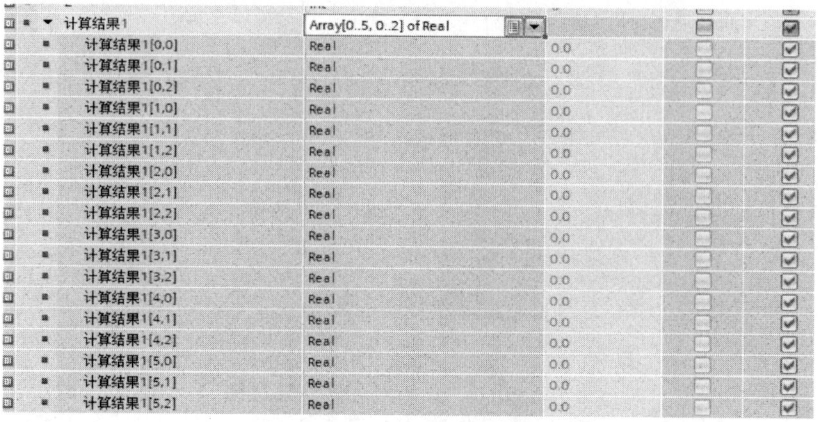

| | | |
|---|---|---|
| 计算结果1 | Array[0..5, 0..2] of Real | |
| 计算结果1[0,0] | Real | 0.0 |
| 计算结果1[0,1] | Real | 0.0 |
| 计算结果1[0,2] | Real | 0.0 |
| 计算结果1[1,0] | Real | 0.0 |
| 计算结果1[1,1] | Real | 0.0 |
| 计算结果1[1,2] | Real | 0.0 |
| 计算结果1[2,0] | Real | 0.0 |
| 计算结果1[2,1] | Real | 0.0 |
| 计算结果1[2,2] | Real | 0.0 |
| 计算结果1[3,0] | Real | 0.0 |
| 计算结果1[3,1] | Real | 0.0 |
| 计算结果1[3,2] | Real | 0.0 |
| 计算结果1[4,0] | Real | 0.0 |
| 计算结果1[4,1] | Real | 0.0 |
| 计算结果1[4,2] | Real | 0.0 |
| 计算结果1[5,0] | Real | 0.0 |
| 计算结果1[5,1] | Real | 0.0 |
| 计算结果1[5,2] | Real | 0.0 |

图 9-12 创建二维数组

① 创建数据类型，如图 9-13 所示。

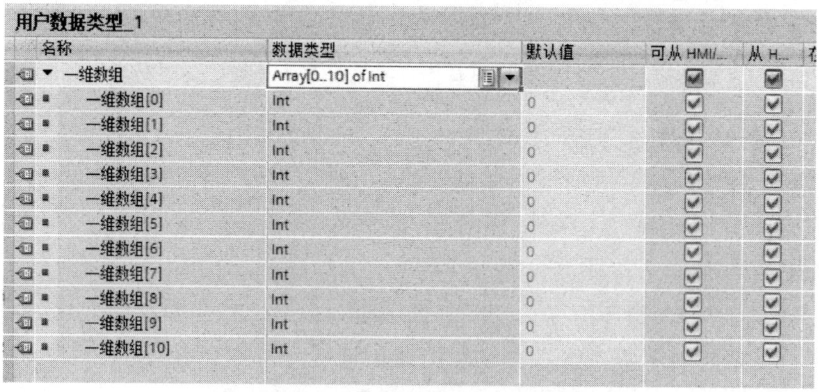

用户数据类型_1

| 名称 | 数据类型 | 默认值 | 可从 HMI/... | 从 H... |
|---|---|---|---|---|
| 一维数组 | Array[0..10] of Int | | ☑ | ☑ |
| 一维数组[0] | Int | 0 | ☑ | ☑ |
| 一维数组[1] | Int | 0 | ☑ | ☑ |
| 一维数组[2] | Int | 0 | ☑ | ☑ |
| 一维数组[3] | Int | 0 | ☑ | ☑ |
| 一维数组[4] | Int | 0 | ☑ | ☑ |
| 一维数组[5] | Int | 0 | ☑ | ☑ |
| 一维数组[6] | Int | 0 | ☑ | ☑ |
| 一维数组[7] | Int | 0 | ☑ | ☑ |
| 一维数组[8] | Int | 0 | ☑ | ☑ |
| 一维数组[9] | Int | 0 | ☑ | ☑ |
| 一维数组[10] | Int | 0 | ☑ | ☑ |

图 9-13 用户创建一维数组

② 将创建的数据类型放到数据块变量表里，如图 9-14 所示。

**(2) 多维数据的应用**

① 平面型数据赋值。如图 9-15 所示的这种平面定位，可以用 $N$ 个独立的变量，也可以用 $N$ 个数组，当然也可以用一个二维数组实现。

② 伺服定位（存放定位位置，指示动作有无完成）。当需要多个伺服配合动作的时候，每个运动的点位都可以用二维数组进行表示。如图 9-16 所示的伺服定位结构，2 轴的伺服需要多次定位，所有的位置都可以用一个二维数组表示。

| 名称 | 数据类型 | 起始值 |
| --- | --- | --- |
| ▼ 自建二维数组 | Array[0..3] of "用户数据类型_1" | |
| ▶ 自建二维数组[0] | "用户数据类型_1" | |
| ▶ 自建二维数组[1] | "用户数据类型_1" | |
| ▶ 自建二维数组[2] | "用户数据类型_1" | |
| ▼ 自建二维数组[3] | "用户数据类型_1" | |
| ▼ 一维数组 | Array[0..10] of Int | |
| 一维数组[0] | Int | 0 |
| 一维数组[1] | Int | 0 |
| 一维数组[2] | Int | 0 |
| 一维数组[3] | Int | 0 |
| 一维数组[4] | Int | 0 |
| 一维数组[5] | Int | 0 |
| 一维数组[6] | Int | 0 |
| 一维数组[7] | Int | 0 |
| 一维数组[8] | Int | 0 |
| 一维数组[9] | Int | 0 |
| 一维数组[10] | Int | 0 |

图 9-14　创建二维数组

图 9-15　物料框格子

图 9-16　伺服定位机构

③ 配方数据（两个类似产品，分别各自存放数据）。同一个设备经常需要生产两个甚至多个类似的产品，那么每个产品就需要不同的数据，可以将每种产品做成不同的配方，生产不同产品的时候就调用这些配方数据。这个时候也需要用到多维数据。

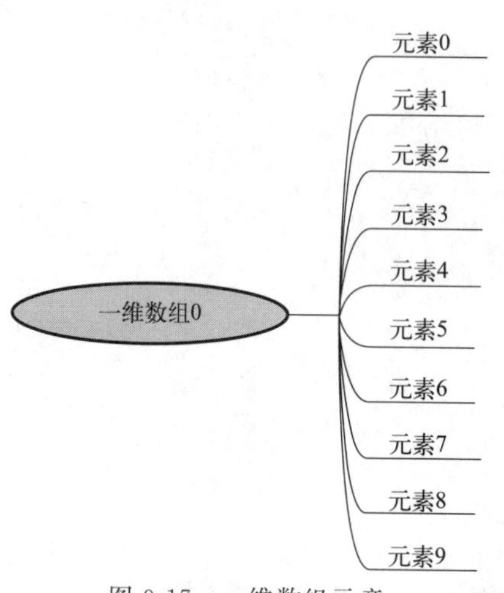

图 9-17　一维数组示意

**(3) 多维数组的底层逻辑**

高层数组与低层数组以及数组元素之间是包含的关系（多个同一类型的数据变量可以用一维数组，多个一维数组可以组成二维数组，多个二维数组可以组成三维数组，……）。如图 9-17、图 9-18 所示。

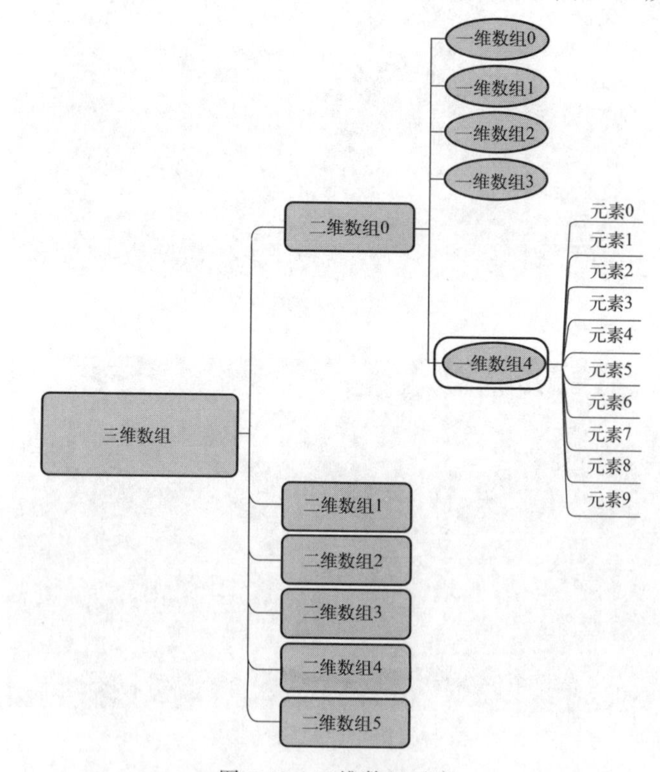

图 9-18　三维数组示意

## 9.8 寻找素数

素数是指在大于 1 的自然数中，除了 1 和它本身以外不再有其他因数的自然数，即除了 1 和它本身之外，不是任何数的倍数。比如 2、3、5、7、11、13……

找出几个素数并不困难，但随着数字增大，如果按照定义一个个去判断是否是素数，工作量会变得十分庞大。

**（1）程序要求**

用 SCL 语言找出 100 以内的素数。

**（2）编程思路**

列出从 2 开始的数，将 2 记在素数列表上，删除所有 2 的倍数。将剩下的数除以 3，删除所有 3 的倍数。将剩下的数再除以 4，删除所有 4 的倍数……以此类推。

**（3）编写 SCL 程序（图 9-19）**

```
IF "条件1" AND NOT "条件2" THEN
    FOR "变量A" := 0 TO 100 DO
        "数据块_1".素数二维[0].整型数组["变量A"] :="变量A";
    END_FOR;
    //数据赋值
    FOR "变量B" := 0 TO 100 DO
        "数据块_1".素数二维[1].整型数组["变量B"] := "数据块_1".素数二维[0].整型数组["变量B"];
    END_FOR;
    //数据复制保存
END_IF;
```

```
IF "条件2" AND NOT "条件1" THEN
    "变量C" := 0;
    FOR "变量C" := 0 TO 100 DO
        "数据块_1".素数二维[1].整型数组[0] := 0;
        "数据块_1".素数二维[1].整型数组[1] := 0;
        FOR "变量D" := 0 TO 99 DO
            "数据块_1".余数结果 := "变量C" MOD "变量D";
            IF "变量D" > 1  AND "变量C">"变量D" AND "数据块_1".余数结果 = 0 THEN
                "数据块_1".素数二维[1].整型数组["变量C"] := 0;
            END_IF;
        END_FOR;
    END_FOR;
END_IF;
```

图 9-19　寻找素数 SCL 程序

**(4) 编程思路分析**

① 先用 FOR 循环将原始数组赋值。

② 用 FOR 循环将数组数据进行保存。

③ 在 FOR 循环里面将 0 和 1 的值先去掉。

④ 用两个 FOR 循环的变量轮流相除，计算是否有余数，来判断是否是素数。

⑤ 将非素数进行清除，剩下的就都是素数。

# 9.9 素数数据排列

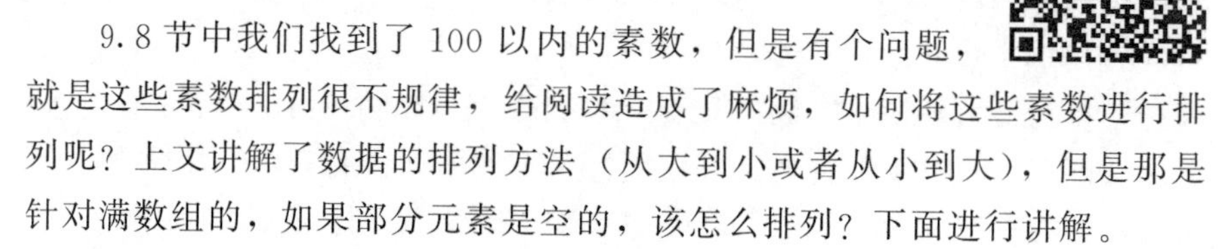

9.8 节中我们找到了 100 以内的素数，但是有个问题，就是这些素数排列很不规律，给阅读造成了麻烦，如何将这些素数进行排列呢？上文讲解了数据的排列方法（从大到小或者从小到大），但是那是针对满数组的，如果部分元素是空的，该怎么排列？下面进行讲解。

**(1) 编写 SCL 程序**

① 寻找素数的程序，如图 9-20 所示。

```
IF "条件1" AND NOT "条件2" THEN
    FOR "变量A" := 0 TO 100 DO
        "数据块_1".素数二维[0].整型数组["变量A"] :="变量A";
    END_FOR;
    //数据赋值
    FOR "变量B" := 0 TO 100 DO
        "数据块_1".素数二维[1].整型数组["变量B"] := "数据块_1".素数二维[0].整型数组["变量B"];
    END_FOR;
    //数据复制保存
END_IF;
IF "条件2" AND NOT "条件1" THEN
    "变量C" := 0;
    FOR "变量C" := 0 TO 100 DO
        "数据块_1".素数二维[1].整型数组[0] := 0;
        "数据块_1".素数二维[1].整型数组[1] := 0;
        FOR "变量D" := 0 TO 99 DO
            "数据块_1".余数结果 := "变量C" MOD "变量D";
            IF "变量D" > 1  AND "变量C">"变量D" AND "数据块_1".余数结果 = 0 THEN
                "数据块_1".素数二维[1].整型数组["变量C"] := 0;
            END_IF;
        END_FOR;
    END_FOR;
END_IF;
```

图 9-20　数据排列程序段 1——寻找素数

② 数组内部数据排列，如图 9-21 所示。

```
IF "数据块_1".上升沿[0] THEN
    "X" := 0;
    FOR "变量F" := 0 TO 99 BY 1 DO
        FOR "变量G" := 0 TO 99 BY 1 DO
            IF "数据块_1".素数二维[2].整型数组["X"] < 1 AND "X" < 100 THEN
                "X" := "X" + 1;
            END_IF;
        END_FOR; //找到数组里面数据非零的变量

        FOR "变量E" := 0 TO 99 BY 1 DO
            IF "数据块_1".素数二维[2].整型数组["变量E"] > 1 AND
                "数据块_1".素数二维[2].整型数组["X"] > "数据块_1".素数二维[2].整型数组["变量E"] THEN
                "X" := "变量E";
            END_IF;
        END_FOR;
        "数据块_1".素数二维[3].整型数组["变量F"] := "数据块_1".素数二维[2].整型数组["X"];
        "数据块_1".素数二维[2].整型数组["X"] := 0;
    END_FOR;
END_IF;
//对数组里面的数据进行，从小到大的排列//
```

图 9-21　数据排列程序段 2——数组排列

**(2) 编程思路分析**

① 先用 FOR 循环从数组里面找出非零数据。

② 用数组找到非零的数据后，将其与第二个 FOR 循环的变量进行轮流比较，找出最小值。

③ 用数据排列的方法将相对最小值进行排列。

# 9.10　模拟量先入先出

**(1) 程序要求**

某个产品需要称重，重量值用模拟量输入到 PLC，模拟量的读取值存放在 ARRAY 数组里面，模拟量存放要求新数据存在最前面，老数据自动后移。

由于模拟量会有干扰和波动，所以要求用 SCL 编写一个程序计算平均重量，用平均值达到抗干扰、抗滤波的效果。比如称重的时间为 60s，每秒取一次平均值，那么用滤波的方法计算实际重量就是 60 个数据的平均值。

**(2) 编程思路**

① 读取模拟量实际值。

② 每次读取的新值放到最前面（数组 0 号元素），老数据依次往后

位移。

③ 数据存放的长度自行设置。

④ 计算平均值。

**(3) 编写 SCL 程序 (图 9-22)**

```
"R_TRIG_DB"(CLK := "Clock_1Hz",
            Q => "脉冲上升沿");
//取1秒钟时钟脉冲//

IF "启动信号" AND "脉冲上升沿" THEN
    "重量读取当前值" := "重量读取当前值" + 1;
    //实际项目时: "重量读取当前值" := 通道1模拟量输入;//
    "数据块_1".模拟量保存数组[0] := "重量读取当前值";
END_IF;

IF "启动信号" AND "脉冲上升沿" THEN
    FOR "i" := "平均值秒数" TO 1 BY -1 DO
        "数据块_1".模拟量保存数组["i"] := "数据块_1".模拟量保存数组["i" - 1];
    END_FOR;
END_IF;
    //模拟量数组赋值, 赋值数量由《"平均值秒数"》决定
    ////赋值顺序从大到小依次位移

IF "启动信号" AND "脉冲上升沿" THEN
    "数据块_1".读取重量累计之和 := 0;
    FOR "Y" := 1 TO "平均值秒数"  BY 1 DO
        "数据块_1".读取重量累计之和 := "数据块_1".模拟量保存数组["Y"] + "数据块_1".读取重量累计之和;
    END_FOR;   //计算总模拟量之和//
    "数据块_1".读取重量平均值 := "数据块_1".读取重量累计之和 / "平均值秒数";
END_IF;
//读取重量数//

IF "设备复位信号" THEN
    "Y" := 0;
    FOR "X" := 60 TO 1 BY -1 DO
        "数据块_1".模拟量保存数组["X"] := 0;
    END_FOR;
END_IF;
//设备复位, 数据清零//
```

图 9-22 先入先出 SCL 程序

**(4) 编程思路分析**

① 读取模拟量数据。

② 每次读取模拟量都将模拟量逐步后移，后移的方法是将数组按从大到小的顺序，每秒位移一次。

③ 数据保存的长度由“平均值秒数”决定。

④ 计算平均值

⑤ 复位，数据清除。

# 本书二维码视频清单

续表

续表

续表

| 序号 | 标题 | 页码 |
| --- | --- | --- |
| 104 | CONTINUE 核对循环条件 | 129 |
| 105 | EXIT 立即退出循环 | 130 |
| 106 | 压力数据计算实例 | 131 |
| 107 | GOTO 跳转语句 | 132 |
| 108 | RETURN 退出块语句 | 133 |
| 109 | REGION 构建程序代码 | 134 |
| 110 | 工作台自动往返控制实例 | 135 |
| 111 | 模拟量与数据量的转换 | 138 |
| 112 | 模拟量 PID 的使用 | 140 |
| 113 | 模拟量的滤波算法 | 148 |
| 114 | 模拟量编程项目实例 | 149 |
| 115 | 运动控制组态 | 154 |
| 116 | 运动控制指令 | 159 |
| 117 | 运动控制 SCL 语言 | 162 |
| 118 | 伺服自动取料实例 | 164 |
| 119 | S7 通信编程实例 | 169 |
| 120 | Modbus 轮询编程实例 | 173 |
| 121 | 寻找最大值最小值 | 179 |
| 122 | 换位算法数据排列 | 180 |
| 123 | 选择算法数据排列 | 181 |
| 124 | 冒泡法数据排列 | 182 |
| 125 | 百钱买百鸡 | 184 |
| 126 | 多维数组 | 185 |
| 127 | 寻找素数 | 189 |
| 128 | 数据排列 | 190 |
| 129 | 模拟量先入先出 | 191 |